人工智能知识讲座

谭营 著

人民出版社

责任编辑:孟令堃

装帧设计:朱晓东

图书在版编目(CIP)数据

人工智能知识讲座/谭营 著.—北京:人民出版社,2018.4

ISBN 978-7-01-018830-0

Ⅰ.①人… Ⅱ.①谭… Ⅲ.①人工智能－普及读物

Ⅳ.①TP18－49

中国版本图书馆 CIP 数据核字(2018)第 004730 号

人工智能知识讲座

RENGONG ZHINENG ZHISHI JIANGZUO

谭营 著

人 民 出 版 社 出版发行

(100706 北京市东城区隆福寺街 99 号)

北京中兴印刷有限公司印刷 新华书店经销

2018 年 4 月第 1 版 2018 年 4 月北京第 1 次印刷

开本:710 毫米×1000 毫米 1/16 印张:13

字数:195 千字

ISBN 978-7-01-018830-0 定价:38.00 元

邮购地址:100706 北京市东城区隆福寺街 99 号

人民东方图书销售中心 电话:(010)65250042 65289539

目 录

CONTENTS

第一章
人工智能概述

什么是人工智能

人工智能（Artificial Intelligence，缩写为 AI）已经成为当下最热门的话题。与人工智能相关的新闻在报纸、杂志、电视上频繁出现，更是在各种社交网络上广泛传播。"人工智能"成了一个时髦词，好像只要你不谈论它就会被这个社会淘汰一样。那么，什么是人工智能呢？要准确回答这个问题并不简单。

可能我们经常听到的是，人工智能可以使计算机变得更"聪明"，像人类一样智慧地处理各类问题。从更专业的角度来说，我们把人工智能定义为"认识、模拟和扩展人的自然智能，以服务于人类社会"。

实际上，1956 年的达特茅斯会议首次提出"人工智能"一词，并确立了人工智能这一研究领域。在这次会议上，与会学者达成一致：人类学习过程的各个方面，或者说智能的任何特征都可以被机器精确地描述和模拟。

人工智能经历了六十多个年头的发展，已经取得了许多令人瞩目的成就，给科技的进步和人们的生活都带来了翻天覆地的变化。

我们研究人工智能是希望在认识人类自然智能的基础上，模拟和实现人的自然智能，然后扩展并提升它，甚至加速人类智能的发展，并将其提高到一个更高的超自然智能的水平。最终还要把这些先进的智能技术应用于生产过程和经济生活来提高人们的生活质量，高效地为人类社会服务。

另一个同样难回答的问题是什么是智能？尽管我们经常在各种场合使用"智能"一词，但是真正要给智能下一个比较准确的定义还是非常困难的。通常，不同学者都是从自己的研究工作和研究范畴来给出一些有建设性的智能定义，但是都没有得到更多人的认可和采用。那么，智能到底是什么？应该如何去定义智能？这里，笔者根据长期对智能的研究，给出一个有关智能的定义，希望对大家了解和认识智能有所帮助。

从生理层面，我们知道智能的核心是思维，思维器官是我们的大脑，思维过程是人的大脑活动，大脑活动的主要内容是处理信息和再生信息。因此，思维是智能的一个关键部分，以至于有时人们也把思维能力看作是一种狭义的智能。从认识层面上，我们可以给智能下一个一般的定义：智能就是在给定任务或目的下，能根据环境条件制定正确的策略和决策，并能有效地实现其目的的过程或能力。这个定义比较宽泛，具有指导意义，但缺乏操作性。因此，更具体地讲，为了更有效地处理智能问题，有的研究者通过信息媒介工具给智能下了一个更为具体和可操作的定义，即：智能是能够有效地获取、传递、处理、再生和利用信息，并使其在限定环境下成功地达到预定目标的能力。据此，更进一步地说，对于同样的环境和目标，具有更强的"获取、传递、处理、再生和利用信息"的能力，就更容易或有效地实现目标，从而表现出更高的智能水平。

另一方面，在各大高校和研究院所里，智能科学技术是研究智能的专业学科，它以探索和理解人类智能活动规律，研究和发展如何采用人工手段构建相应的智能模型与系统，完成那些需要人的智能才能完成的任务为目标，建立模拟人类智能的理论、方法和技术。

与智能密切相关的另一个学科就是机器学习。所谓机器学习就是系统通过获取经验提高自身性能的过程，即系统自我改进过程。机器学习是人工智能的核心研究领域之一，也是现代智能系统的关键环节和瓶颈。一个没有学习功能的系统是不能被称为智能系统的。现代人工智能的发展正是受机器学习方法的飞速发展所推动的，没有有效的机器学习方法很难谈高性能的人工智能。

机器学习可以说是人工智能中最主要的研究领域之一，近来受到了广泛的关注，发展速度非常快。通常，机器学习主要分类为监督学习、无监督学习、半监督学习、强化学习等。尤其是近十几年提出了大量的机器学习新方法，如深度学习、深度增强学习、半监督学习、演化学习，等等。

随着机器学习的发展及其学科内容的丰富，机器学习也正逐渐从人工智能中独立出来，成为一种新的问题求解工具。

下面我们将讨论的焦点转回到本书的主题——人工智能，简要介绍人工智能的发展道路、现状和未来。

人工智能的发展道路

人工智能经历了一个非常曲折的螺旋式发展道路。可谓是几经回转、不畏艰辛、勇往直前、终有所获，且前景光明。

在人工智能发展初期，基于数理逻辑的符号主义学派就与基于神经网络的联结主义学派进行了激烈的争吵。符号主义学派的研究者认为，人类思维的过程可以用符号操作来描述，使用计算机进行这一过程的模拟是实现思维智能的途径。这一思想几乎统治当时人工智能研究将近二十年，例如专家系统是符号主义学派的典型例子，在商业应用上取得了巨大的成功。但由于许多现实世界的复杂问题难以进行形式化的抽象，而且建立一个通用的逻辑体系难度又极大，符号主义理论的弊端就开始显现出来。而联结主义学派的研究者认为，模仿人类的思维应从模仿大脑的构造开始。认知科学的研究结果表明，人类大脑的思维体系并不是像逻辑体系那样按顺序构建的，而是具有复杂的并行体系。神经网络就是基于这一理论的生物学模型，经过几十年的发展，它已经能够解决十分复杂的实际问题。但神经网络被人诟病的问题也很多，它的设计方法缺乏理论支撑，可解释性差，训练难度也很大。除此之外，人类对大脑运行机制的认识还不够充分，想要建立一个类似大脑的神经系统还十分困难。在符号主义学派和联结主义学派都面临困境的时候，基于行为主义学派的研究悄然兴起。与前两种学派不同的是，行为主义学派从进化论的角度来思考人工智能，认为必须赋予机器自主感知和行动的能力。模拟生物首先要从模拟"本能"做起，智能不仅来自于逻辑和计算，还要求具有理解外部世界的能力。这一新思路为人工智能的研究提供了新的范式，并且在机器人领域取得了长足的进步。然而，这一范式只能模拟特定的生物行为，也同样难以克服推理、规划等高级行为决策所面临的困难。

三大学派在争论中不断积累并完善自身的理论，并没有哪一种理论被证明过时或者被完全抛弃，也没有哪一学派统一了整个人工智能领域的研究。时至今日，这三种学派的研究仍然活跃在人工智能研究的前沿，并且相互借鉴、相互融合。人工智能的发展不是一蹴而就的，而是螺旋式的稳步上升。

另外，人工智能的研究人员又分为两大流派。第一种流派的研究人员认为实现人工智能并不需要完全认识和模拟人脑。这就像我们不创造鸟类翅膀也能实现在空中飞行一样，人工智能跟人脑神经系统如何运作没有本质的联系。人们并不需要了解鸟类翅膀的细节来达到飞行的目的，而是发展出了一个全新的空气动力学来建模飞行所需要的力学基础。大部分计算机领域的人工智能专家倾向于这种观点。另一方面，第二种流派的研究人员则认为需要从人类大脑入手来认识自然智能的本质，只有完全认知人类大脑是如何工作的，我们才能从真正意义上实现人工智能。人类脑计划就是基于这种设想而提出来的。近年来，计算机信息科学迅速发展，基于神经科学和信息科学相结合的人类脑计划也应运而生。大部分脑计划都希望通过研究人类大脑来得到对人类大脑运作机制的认识。但由于人类对大脑的认识还非常有限，类脑智能的研究尚未得到迅速发展。目前，世界上主要国家都提出了各自的脑计划项目，同时聚集了大量杰出科学家进行系统研究和攻关，希望以此来揭开人类大脑的智能奥秘。

人工智能的现状

人工智能的发展已经过了六十多个年头，2017 年国务院颁布的《新

一代人工智能发展规划》中明确提到人工智能目前的研究现状是"在移动互联网、大数据、超级计算、传感网、脑科学等新理论新技术以及经济社会发展强烈需求的共同驱动下，人工智能加速发展，呈现出深度学习、跨界融合、人机协同、群智开放、自主操控等新特征"。当前人工智能的发展重点包括大数据驱动知识学习、跨媒体协同处理、人机协同增强智能、群体集成智能与自主智能系统。此外，关于类脑智能的研究也蓄势待发，芯片化、硬件化、平台化的趋势也更加明显，基于云计算、芯片等"边缘化"的人工智能相关研究也在逐渐展开。

目前人工智能研究主要包括机器感知、脑认知、机器学习、模式识别、自然语言处理与理解、知识工程、机器人与智能系统等相关内容。从方法层面上，目前人工智能研究主要包括各种机器学习方法及理论，例如深度学习、深度强化学习、迁移学习、进化计算等。从应用层面上，目前的典型应用领域包括语音识别、图像识别、自然语言处理、机器人技术、异常检测、计算机博弈、计算机金融、复杂问题优化等。其中一些具有里程碑意义的成果包括 ImageNet 大规模物体检测、人脸识别、自动驾驶、计算机围棋程序（AlphaGO）、机器翻译系统、机器作画、聊天机器人，等等。

中国人工智能的发展也在不断加快，行业竞争不断加剧。目前，由中国发表的关于人工智能的科研论文数量和申请专利数已经位居世界前列。语音和计算机视觉是国内人工智能市场最热门的两个方向，分别占据了大约 60％和 13％的市场份额。同时，许多传统行业的公司也在积极引入人工智能技术来改造其核心技术，达到既降低生产成本也提高生产效率的目标。中国的人工智能市场将在 2020 年达到超万亿美元的产业规模，这就意味着在未来几年内，每年都会以超过 50％的增长速度迅猛发展，是一个高速发展的新时代。《新一代人工智能发展规划》吹响了这次人工智能发展的号角，必将极大地推动我国人工智能深入发展和在各行各业的广泛渗透，人工智能应用将加快落地，并加深与各行各业的深度互联，迎来一个全新的发展阶段，推动经济社会的各个领域向智能化方向发展。

在这次智能化发展浪潮中，许多行业都将受到巨大冲击，首当其冲的就是制造业。制造业是实体经济，是一个国家工业发展的生力军和支柱。一个国家经济实力是否强大与其制造业水平密切相关，只有将人工智能技术融入制造业，提高它的生产效率，提高它的自动化程度和智能化水平，才能够将国家的经济推到更高的水平。因此人工智能的发展必将对国家的制造业产生深刻的影响和变革。

其次是医疗行业。医疗行业是一个关系到广大人民切身利益的民生行业。如何解决人们普遍关心的看病难看病贵问题，对于各国政府也是十分棘手的。人工智能融入医疗行业，可以对海量的病历数据进行深入发掘，发现其中的内在规律，让人工智能代替大部分的医生进行高精度的自动医疗诊断，同时辅助医疗专家进行疑难杂症的远程咨询和诊断。这将极大改变目前的看病方式和习惯，甚至可以做到患者足不出户就可以看病。

教育行业也将面临变革。教育是关系到一个国家是否能长久发展的基础，是千秋大业。在移动互联网、云计算、大数据、人工智能等技术的共同作用下，教育行业将迎来翻天覆地的变化。相继出现的慕课、微课、人工智能陪练等新的教学模式，会给人们提供一个公平的互动交流学习平台和训练机会，更好地解决现有的教育资源分配不平衡、教学质量参差不齐的普遍问题。由于人工智能技术的加入，在某些方面机器远远超过人类，成为我们学习的榜样和老师，可以使人类学习以往无法学习到的新知识。

金融业注定是人工智能的主战场，因为金融业是天然的产生大数据的行业，辅以强大的计算平台支撑，必将成为人工智能大显身手的角斗场。人工智能在金融行业的渗透是全方位的，例如，在股票走势预测方面，通过抓取海量的数据，对股票做情感分析，计算出股民对股票的乐观或悲观情绪，同时对政治事件、财经新闻进行分析，以判断未来股票走势；在金融风控方面，为了对信用卡业务和个人贷款业务进行信用评级，需要对用户的互联网浏览数据、司法执行数据、出行数据、电商平台的交易数据、电话通讯数据和社交数据进行综合分析，采用智能算法给出综合精确的信用评级；在智能投资顾问方面，基于用户画像，通过智能推荐算法给理财

客户推荐合适的理财产品；等等。

人工智能的未来

目前，人工智能的典型工作范式是大数据＋深度学习＋强计算力。大数据为人工智能提供丰富的数据与信息结构，深度学习提供了有效的自动学习方法与学习框架，强计算力为人工智能提供强大的计算平台支撑，使得利用深度学习处理大数据成为可能。

未来的研究将改造这种主要依靠海量数据的工作方式，全面发展半监督学习、迁移学习和无监督学习等方法，实现小数据条件下的人工智能方法，开启一个具有更广阔前景的通用人工智能新篇章，从而使人工智能广泛处理开放性复杂问题，多任务协同处理问题，实现类脑智能。

未来五到十年，将是人工智能技术的飞速发展时期。学术上，有关智能科学基础理论的研究将逐步深入、细化和系统；应用上，将呈现更加迅猛的发展势头，向不同的产业领域全面渗透。具体来说，一方面，人工智能会快速取代某些传统手工工作，促进产业快速升级换代；另一方面，人工智能也会激发大量新的相关行业出现。人工智能将在自动驾驶、医疗、教育、博弈和金融等行业辅助人类的生产和生活，并带来翻天覆地的大变革。人工智能将大大改变社会经济发展模式、社会服务水平和人们的社会生活方式，促进智能社会的出现。人工智能从某种程度上正在超越人类本身，正如我们最初的目的和期许的那样。然而人工智能的发展必须遵循人类社会的基本道德规范和行为准则，防止其给人类社会带来巨大的灾难。

人工智能是一门多学科交叉的综合性前沿学科，在理论上亟待完善，技术上正逐渐突破，应用上正快速扩展和渗透到各行各业。随着政府的强力支持和科技公司大量投入，中国人工智能将在未来几年进入一个黄金时代。中国将会在人工智能领域发挥举足轻重的引领作用。人工智能技术的发展会将人类社会推到一个前所未有的新高度，我们也将步入智能时代，进入智能社会。

第二章

人工智能简史

自人类文明有文字记载开始，就流传了许许多多和高级智慧有关的神话故事。古典哲学家们曾试图将人类思维的过程描述为符号的操作，这被认为是现代人工智能的起源。这项工作随着 19 世纪 40 年代可编程计算机的出现而达到了顶峰，计算机及其背后的设计思想激发了大批科学家开始探讨如何建立一个能像人类一样，具有某种智能行为的"电脑"。在第二次世界大战结束后，许多发达国家意识到计算机科技具有巨大的应用前景，一个具有智能的机器可以代替人类完成许多任务。正是在这一背景下，人工智能诞生了。

1956 年夏天，达特茅斯会议正式确立了"人工智能"这一研究领域，这是人工智能领域的里程碑。许多参与那次会议的人成为了后来几十年人工智能领域的领军人物，催生了人工智能革命。当时有很多人预言，不出一百年就会出现像人类一样具备感知、记忆、情感的智能机器，这一想法在当时让人兴奋。这些研究者获得了包括美国政府在内的各方资金来启动相关的研究计划，人工智能的发展迎来了第一个春天。

但是，后来的事实表明这些人工智能的研究者并未对这些项目的研究难度做出客观正确的判断，导致社会各界对人工智能的期望过高。1973年，为了应对来自其他领域学者的批评和压力，许多政府机构相继停止了对人工智能相关领域研究的资助，这段时期被称为人工智能史上的第一次寒冬。

到了 20 世纪 80 年代初，以"专家系统"和"知识工程"为代表的人工智能框架开始兴起，并被许多公司的相关业务所应用。几乎同一时期，日本政府发起的人工智能预想计划——"第五代计算机系统工程"再次激发了社会各界对人工智能的投资热情，使得人工智能迎来了短暂的繁荣期。但是到了 80 年代末，人们发现"专家系统"没有自动获取和更新知识的能力，维护难度极大，费用居高不下，还存在难以扩展等问题，于是人们又开始质疑人工智能的发展前景，研究资金就随之逐渐减少了。

尽管人工智能的发展经历了一些高潮和低谷，但是并没有停滞不前。经过学者们不断地探索和努力，人工智能终于在 21 世纪迎来重大突破。机器学习方法成功应用在学术界和工业界的许多问题上，解决了先前许多被认为极难攻克的问题。正如很多人所期待的那样，我们正在迎接通用人工智能—— 一个可以与人类媲美、具有智慧行为能力的智能机器的到来。

一、人工智能的萌芽

从形式推理到数理逻辑

人工智能的诞生与逻辑学的发展紧密相关，这里我们首先介绍形式推理、数理逻辑的发展历史，接着再谈谈为何它们影响了人工智能的诞生。

自有人类文明开始，早期的人类就在思考能否设计出某种机器，使其可以像人类一样利用已知的知识推理出新的知识。这种类似人脑进行机械化推理的过程即"形式推理"，它是孕育人工智能的萌芽之一。

有关形式推理的研究具有悠久的历史。古希腊哲学家早在公元前一千多年就提出了形式推理的结构化方法。他们的理论和思想被许多著名的哲学家不断发展和延伸，其中包括亚里士多德（Aristotle）提出的三段论推理，欧几里得（Euclid）所著的《几何原本》，阿尔·花剌子模（Al-Xorazmiy）整理的代数学，等等。

形式推理主要由词项变项和命题变项组成，例如：已知所有的花都是有颜色的，玫瑰是花的一种，那么我们推出所有的玫瑰都是有颜色的。这

样的一个推理链条就被称为形式推理，其中"花""玫瑰"这些单词被称为词项变项，"所有的花都是有颜色的"这类的条件被称为命题。

在 17 世纪，数学的快速发展为这种推理形式提供了有效的载体，一些数学家想将逻辑推理用某种数学体系一起来，使得推理可以用计算的形式呈现。德国数学家契克卡德（W. Schickard）创建了第一台机械计算器，在这之后法国科学家布莱兹·帕斯卡（Blaise Pascal）和德国数学家莱布尼茨（Gottfried Wilhelm Leibniz）都对机械计算机进行了改进。莱布尼茨还建立了二进制体系，提出了"通用符号"和"推理计算"的思想，并正式确立了"数理逻辑学"这一学科。

到了 20 世纪，罗素（Bertrand Russell）和怀特海（Alfred North Whitehead）在 1910 年至 1913 年出版的《数学原理》彻底对形式逻辑进行了革命。他们认为所有的数学原理都可以由数理逻辑推导出来，并且尝试了用逻辑术语定义数学概念。由此激发哥德尔（Kurt Gödel）提出了著名的"哥德尔不完备定理"。

🅰️ 小知识

哥德尔不完备定理

1931 年，奥地利裔美国数学家哥德尔提出哥德尔不完备定理，其主要结论是所有逻辑体系都存在不能被证明或否定的命题，因此，所有逻辑体系都"不完备"。用通俗的话来讲，就是任何逻辑定理都不可避免地要涉及自我引证的问题，即发生自我矛盾，或者不确定的问题，所以为"真"的命题不一定可证。哥德尔不完备定理在逻辑学的历史发展中具有重要意义，其数学意义震撼了当时的基础研究，在哲学方面也影响甚广。

1950 年，艾伦·麦席森·图灵（Alan Mathison Turing）发表了一篇题为《计算机器与智能》的论文，为人工智能领域的诞生敞开了大门，奠定了人工智能学科的基础。这篇论文提出了一个基本问题：机器能思考吗？图灵接着提出了一种评估机器是否可以思考的方法，即图灵测试（Turing Test）。该测试方法十分简单：一个人类测试者向机器提出一些问题，机器给出自己的回答，如果人类测试者在得到这些回答之后无法分辨对面的是人还是机器，那么这台机器即通过了测试，也就是说这台机器具备思考的能力。图灵测试并不仅仅是简单地提出了这样一个问题，而是直接定义了人工智能的核心问题，这一问题使当时许多计算机科学家对制造智能机器充满了期待，也直接带动了20世纪50年代一系列人工智能领域的相关活动，例如后文将介绍的达特茅斯会议以及LISP语言的诞生，等等。

AI 名人堂

艾伦·麦席森·图灵

艾伦·麦席森·图灵（1912—1954），英国著名计算机科学家、数学家、逻辑学家、密码分析师和理论生物学家。他在理论计算机科学的发展中具有很大的影响力，提出图灵机用来解释算法和计算的形式化概念。图灵被广泛认为是理论计算机科学和人工智能之父。

第二次世界大战期间，图灵被英国皇家海军聘用，在英国军情六处监督下从事对德国机密军事密码的破译工作。两年后他的小组成功破译了德国的密码系统Enigma，从而使得军情六处对德国的军事指挥和计划了如指掌。

二战后，他在英国国家物理实验室工作。在那里他设计了第一个存储程序计算机 ACE。1948 年，图灵加入马克斯·纽曼在曼彻斯特维多利亚大学的计算机实验室，帮助开发曼彻斯特电脑，并对数学生物学感兴趣。他写了一篇名为《形态发生的化学基础》的论文，并且预测了振荡化学反应。

图灵在 1952 年因同性恋行为被起诉，并接受了化学阉割。当时同性恋在英国是一种犯罪行为。1954 年，图灵死于氰化物中毒，很多人相信他的死是自杀。2009 年，英国计算机科学家康明发起了为图灵平反的在线请愿，时任英国首相布朗代表政府正式公开向图灵道歉。2013 年 12 月 24 日，英国女王伊丽莎白二世赦免因同性恋行为被定罪的图灵。

为纪念图灵对计算机领域做出的贡献，1966 年美国计算机协会设立图灵奖，专门奖励那些对计算机事业做出重要贡献的个人。图灵奖对获奖者的要求极高，评奖程序极严，一般每年只奖励一名计算机科学家，只有极少数年度有两名在同一方向上做出贡献的科学家同时获奖。因此，尽管图灵奖的奖金不算高，但它却是计算机界最负盛名的奖项，有"计算机界诺贝尔奖"之称。

回到我们最开始提出的问题，为什么逻辑学的发展与人工智能的诞生密不可分？

早期人们幻想设计出一台智能机器的终极目的，其实是希望它能够模仿人类思维进行决策和推理。而人类日常生活中获取知识最重要的手段之一就是从已有知识出发，经过演绎、归纳、类比，推理出新的知识。逻辑学为人工智能需要解决的问题提供了形式化的方法，数理逻辑的发展为在计算机中实现知识处理提供了必要的平台。因此从这一角度看，人工智能与逻辑学的发展是分不开的。尽管我们今天所谈的人工智能很大一部分内容已经不是对人类思维的模仿，但在人工智能的早期发展过程中，基于逻辑推理的思维占据了主导地位。

计算机科学

计算机科学是推动人工智能诞生的基础，计算机的问世为人工智能的研究提供了工具。时至今日，我们也把人工智能看成计算机科学下的一个分支。

人类对计算工具的探索从古代就已经开始，计算工具也不断得到改进。例如中国古代的算盘，17世纪初英国出现的"计算尺"，等等。这些早期的计算工具都是用来标记计算过程的辅助工具，它们无法记录计算法则，也无法设定计算步骤。

图 2-1　中国的算盘和英国的计算尺

在19世纪初，英国数学家查尔斯·巴贝奇（Charles Babbage）设计了一个可编程分析机，目的是将一个完整的计算过程用机械的方式全自动化地实现，他设计的分析机已经有了今天计算机的基本框架。但是受当时的技术限制，用机械方式实现如此复杂的过程几乎是不可能的，因此，他的分析机并没有被真正制造出来。被后世公认为第一位程序员的阿达·洛芙莱斯（Ada Lovelace）也曾经预言，这样的机器"可以创造出既极其复杂又美妙无限的音乐作品"。

AI 小知识

第一位程序员

阿达·洛芙莱斯（1815—1852），英国数学家、作家，著名诗人拜伦之女。由于从小受到良好的家庭教育，她认识了许多科学家，并且对数学研究产生了浓厚的兴趣。在十几岁的时候，她因为数学天分得到了和巴贝奇认识的机会，并参与了一些分析机的工作。她在 1842—1843 年期间翻译了一篇有关分析机的论文，在这篇论文的后面，她补充了很多批注，并详细给出了一个应用该引擎计算伯努利数的方法，被认为是世界上第一个计算机程序。她也因此被后世公认为第一位程序员。

1936 年，图灵提出了一种抽象的计算模型——图灵机，又称图灵计算机，即将人们使用纸笔进行数学运算的过程抽象化，并由一个虚拟的机器完全自动地进行整个计算过程。图灵机可以被看成一个自动装置，它可以从一条纸带上读入内容，并能够控制纸带的移动、读取、写入或停机。如果给定一套控制规则、内部的状态寄存器和纸带上的内容，图灵机就能自行决定下一步的动作，进而实现复杂的计算过程。我们可以把现代计算机看成一个复杂化的图灵机，图灵机就是现代计算机的鼻祖和终极简化版，也是计算机领域最重要的概念之一。

世界上第一台现代电子计算机 ENIAC 于 1946 年 2 月 14 日在美国宾夕法尼亚大学诞生。它由宾夕法尼亚大学电气工程学教授莫奇利（John William Mauchly）和埃克特（John Presper Eckert）领导研制，是为美国陆军实验室用来进行军事技术研发而设计的机器。在揭幕典礼上，ENIAC 向前来观看的来宾们展示了它的计算能力，在 1 秒钟内进行了 5000 次加法运算。尽管这样的计算速度无法与现在的计算设备相比，但它也比之前最快的基于继电器的计算设备运算速度快 1000 多倍。

ENIAC 的体积十分庞大，它需要放置在一间大型房间内，显得十分笨重。尽管后续对 ENIAC 的改良可以实现稍微复杂的计算功能，例如求

图 2-2 ENIAC

正余弦函数,但它的维护工作依然非常繁重复杂,计算效率也很低。

在这之后不久,美国数学家冯·诺依曼(John von Neumann)提出了计算机的基本原理——程序存储原理,科学家据此造出新计算机 EDVAC 和 EDSAC。如果说图灵机阐明了现代计算机的运行原理,奠定了理论基础,那么冯·诺依曼的计算机则是将理论模型彻底实现,并建立了计算机体系结构的概念。冯·诺依曼结构采用存储程序的原理,以运算单元为中心,将指令存储器和数据存储器合并在一起。EDVAC 是最先开始研究的存储程序计算机。EDSAC 是世界第一台存储程序计算机,又称为冯·诺依曼计算机,是所有现代计算机的原型和范本。

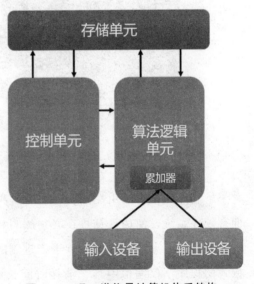

图 2-3 冯·诺依曼计算机体系结构

　　早期计算机的使用只限于军事用途，用于辅助军事技术的研发，进行某些计算工作。到 1952 年，IBM 公司开发出世界第一个成功的商用计算机 IBM 701，这标志着计算机正式进入商业用途，也标志着信息产业的开始。但当时的绝大多数人们还对计算机一无所知，不知道它有哪些潜在的用途，IBM 公司总裁甚至认为全世界只需要五台计算机就足够了。但是，随着军用和民用需求的发展，工业化国家的一批公司逐步投入到计算机研究开发生产领域中。也有一些数学家开始尝试利用计算机解决某些数学问题。

图 2 - 4　IBM 701

　　虽然计算机的通用性证明它能够解决某些庞大且复杂的问题，但除了拥有硬件系统，使用计算机还必须编写相关的程序。早期的计算机系统极难拓展使用，人们需要编写基于二进制的程序来完成他们的目的。这种机械式的程序不仅编写困难、消耗时间长而且不易修改。1954 年由 IBM 研究员约翰·巴克斯（John Warner Backus）领导的小组设计出第一个高级程序语言 FORTRAN，大大提高了程序开发效率。程序开发者可以利用

FORTRAN 编写高级指令，而不用关心更底层的细节，能够将精力集中在解决实际问题上面。FORTRAN 语言推动了 IBM 公司新的计算机设备——IBM 704 成为当时最成功的计算机，也使 IBM 成为计算机产业的巨头。

随着计算机应用技术的不断进步，计算机的运算能力也越来越强，在计算过程本质、程序设计、计算机体系结构方面都取得了快速的发展。一些新的高级程序设计语言也相继提出，包括 COBOL、LISP 等。尽管军用科学计算仍是此时计算机应用的主要领域，但计算机也开始在商务数据处理和工业应用中逐渐崭露头角。正是在这样的背景下，人工智能的萌芽出现了。

二、人工智能的诞生与早期发展

通常人们在研究某一个领域的发展历程时，很难找到一个精确的时间点来说明这个研究领域到底是什么时候确立的。然而人工智能学科的建立却有着一个公认的标志性事件，它就是 1956 年的达特茅斯会议。在随后的十几年内，人工智能得到了快速发展。但因为随着问题规模的扩大，基于形式逻辑的研究方法难以解决复杂的问题，人工智能的发展迎来了第一次低潮期。

达特茅斯会议

1956 年的达特茅斯会议是在马文·明斯基（Marvin Lee Minsky）、约翰·麦卡锡（John McCarthy）和来自 IBM 的资深科学家克劳德·香农（Claude Shannon）等人的组织下召开的。会议一共持续了六周，其中的一项重要的主题是"人类学习过程的各个方面，或者说智能的任何特征都可以被机器精确地描述，并且进行模拟"。会议的参与者还包括索洛莫诺夫（Ray Solomonoff，算法信息论的奠基者）、塞尔弗里奇（Oliver Selfridge，

机器感知之父）、亚瑟·塞缪尔（Arthur Lee Samuel）、艾伦·纽厄尔（Allen Newell，信息处理语言发明者之一）和赫伯特·西蒙（Herbert Simon）等人，他们在人工智能领域早期发展过程中都做出了重要的贡献。

图 2-5　达特茅斯会议参会者合影

　　会上，纽厄尔和西蒙首次展示了"逻辑理论家"程序，这个程序可以证明罗素与怀特海所著的《数学原理》中很多和数理逻辑相关的命题，给当时参会的学者留下了深刻印象。麦卡锡和与会者们一同确定了"人工智能"一词作为这一领域的名称。达特茅斯会议的顺利召开，赋予了人工智能的名称、研究目标及任务，也确定了这一领域的领导者，因此这一会议被广泛认为是人工智能诞生的标志性事件。

　　麦卡锡受到"逻辑理论家"程序及 IPL 语言的启发，随后研制了基于人工智能的语言 LISP。与此同时，时任美国兰德公司研究员的冯·诺依曼提出了博弈论。这些都推动了人工智能领域的发展。

AI 名人堂

约翰·麦卡锡

约翰·麦卡锡（1927—2011），与马文·明斯基、艾伦·纽厄尔和赫伯特·西蒙一起被称为人工智能之父。麦卡锡创造了术语"人工智能"，是达特茅斯会议的组织者。

麦卡锡在 20 世纪 50 年代末发明了 LISP 语言。LISP 语言通过简单的操作符和函数表示法来表示符号运算，并迅速成为人工智能研究青睐的编程语言。LISP 是最早的编程语言之一，早期计算机科学领域许多创新性的研究工作都是基于 LISP 语言实现的，包括数据结构、自动存储管理、动态规划、递归循环等算法。

1961 年，麦卡锡在麻省理工学院百年校庆的演讲中，第一个公开提出效用计算的想法：计算机分时技术可能会导致未来的计算能力，甚至特定的应用程序可以按照公用事业模式（如水或电）来销售。这种计算机或信息实用程序的想法在 20 世纪 60 年代末非常受欢迎，但在 90 年代中期消失了。然而，自 2000 年以来，这一想法重新出现并产生了新的形式。

AI 名人堂

马文·明斯基

马文·明斯基（1927—2016），美国认知科学家，主要关注

人工智能研究，奠定了人工神经网络的研究基础，是麻省理工学院人工智能实验室的共同创始人。

1969 年，明斯基和西摩尔·派普特（Seymour Papert）合著的《感知器》一书出版，为人工神经网络分析奠定了基础。这本书是人工智能历史上的一个争议中心，因为一些人声称它在 20 世纪 70 年代阻碍了神经网络的研究。虽然《感知器》相比于实践价值更具有历史价值，但是书中提出的框架理论至今仍被广泛使用。

20 世纪 70 年代初期，在麻省理工学院人工智能实验室，明斯基和派普特开始研究后来被称为心智社会的理论。该理论试图解释我们所说的人工智能可以是非智能部件的相互作用的产物。1986 年，明斯基关于智能理论的综合性图书《心智社会》出版，与大多数以前出版的作品不同，这本书是为公众写的。2006 年，明斯基所著的《情感机器》出版，这本书批判了许多当时流行的人类思维的工作理论，并提出了替代理论。

明斯基认为，人类和机器之间没有根本的区别，人类是一种机器，其智能来自许多非智能但半自主的组成大脑的物质的相互作用。他认为，"在某个时候，一些电脑将变得比大多数人更聪明，但是很难预测进展有多快。"他警告说，旨在解决无害数学问题的超级人工智能可能决定控制地球资源来构建超级计算机，以帮助其实现目标。

早期发展的一些成果

自然语言处理

自然语言处理是计算机科学领域与人工智能领域中的一个重要方向。它研究如何处理自然语言，实现人与计算机之间利用自然语言进行有效通信的各种理论和方法。在这方面最早的一个研究案例是 1964 年纽约大学研究员丹尼尔·博布罗（Daniel Bobrow）设计的程序 STUDENT，它可以求解高中程度的代数应用题。

语义网络是理解自然语言的一种方式。它就是一种有向图，其中节点代表的是概念（如"房子""门"），而边则表示这些概念之间的语义关系（如"存在""包含"）。奎利恩（Ross Quillian）是第一个使用语义网络编写人工智能程序的学者。而影响最大的是罗杰·尚克（Roger Schank）所提出的概念依存理论，它奠定自然语言处理的理论基础。

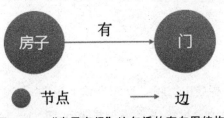

图 2-6   "房子有门"这句话的有向图结构

麻省理工学院教授约瑟夫·魏泽鲍姆（Joseph Weizenbaum）开发的世界上第一个聊天机器人 ELIZA 可以与人进行真实的交流，与 ELIZA 聊天的用户有时甚至会感觉他们不是在和一个程序在交流，有点像是和人在交流一样。但实际上，ELIZA 并不会意识到它自己在说什么，它只是依据它收到的话而做出一个机械式反应，或者是依据一些语法规则来复述一遍罢了。

```
 File Edit Options Buffers Tools Help

 🖉 📂 ✕ 📦 📷 ↷ ✂ 📑 📋 🔍 🖨 📝 ?

 I am the psychotherapist.  Please, describe your problems.  Each time
 you are finished talking, type RET twice.

 I have a terrible headache.

 Maybe you should consult a doctor of medicine, I am a psychi
 atrist.

 Okay, I'll do that then.

 Can you elaborate on that?

 What are you talking about? No I cannot elaborate. See you l
 ater.

 Why do you say that?

 Now you're just talking nonsense!

 What makes you believe now I am just talking nonsense?

 You are not making any sense.

 Perhaps your plans have something to do with this.
-u:**  *doctor*           (Doctor Fill)--L1--Top----------------
```

图 2-7　ELIZA 聊天系统样例

棋类程序

棋类问题一直都是评价人工智能的一种重要方式，因为棋类的规则清晰，容易在计算机程序中实现，方便模拟。20 世纪 50 年代，一些人工智能研究者开始编写计算机程序来解决棋类问题。1951 年，英国计算机科学家斯特雷奇（Christopher Strachey）和曼彻斯特大学的普里茨（Dietrich Prinz）分别设计了第一款跳棋程序和国际象棋程序。在这之后，美国科学家亚瑟·塞缪尔进一步增强了跳棋程序，使得该程序已经具备了很强的实力，并可以从自身的错误中吸取经验不断学习和改进，其能力已经可以战胜一些具有不错水平的业余爱好者。

AI 名人堂

亚瑟·塞缪尔

亚瑟·塞缪尔（1901—1990），计算机游戏、人工智能和机器学习领域的先驱。塞缪尔的跳棋程序是世界上第一个可以自我学习的程序。

塞缪尔1923年毕业于堪萨斯大学，1926年在麻省理工学院获得电气工程硕士学位，并任教两年。1928年，他加入贝尔实验室，在那里他主要从事真空管研究工作，包括在二战期间改进雷达。他开发了一个气体放电发射接收开关（TR管），允许单个天线用于发射和接收。战争结束后，他搬到伊利诺伊大学香槟分校，在那里他发起了ILLIAC项目，但在第一台计算机完成之前就离开了。

1949年，塞缪尔去了IBM，在那里他设想并实现了他最成功的工作。他被认为是第一个哈希表发明者，并影响了早期IBM晶体管计算机的研究。1952年，他用第一台商用计算机IBM 701制作了一个跳棋程序。该程序是硬件和编程结合的产物，使IBM的市值一夜间增加了15％。

1966年，塞缪尔从IBM退休，成为斯坦福大学的教授。在他的余生中，他与唐纳德·克努特（Donald Knuth）在TeX项目上合作，包括编写一些文档。1987年塞缪尔被IEEE计算机学会

授予计算机先驱奖。

微世界问题

20世纪70年代，许多人工智能研究人员开始致力于研究知识表示和运用的问题。其工作一般集中在某些规模较小、结构简单的问题上，这些问题被称为"微世界问题"。

微世界问题最著名的一个案例是特里·威诺格拉德（Terry Winograd）于1972年设计的自然语言理解程序SHRDLU。SHRDLU模拟了一个充满积木块、金字塔和盒子的世界，以及一个可以操纵这些物体的机器人手臂。SHRDLU的独特之处在于，人们可以通过普通的英语输入命令来告诉机器人该怎么做，比如"找到一个比你拿着的盒子更高的盒子"。正如这个例子所说明的那样，这个系统能够理解英语的一些更微妙的特征，比如代词。SHRDLU也能理解简单的物理学概念，比如："两个不同的物体不能同时占据同一个物理空间""如果你释放一个物体，它将掉落到地面，除非其他物体直接支撑它""一个立方体不能被金字塔支撑"。

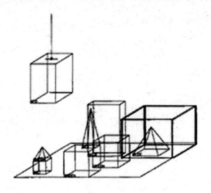

图 2-8　SHRDLU 系统示意图

联结主义与神经网络

联结主义是指以神经网络模型为代表的认知范式。其基本假设是，人类的神经系统和思维可以通过由处理单元相互连接得到的网络来描述，这些处理单元往往十分简单，并且是统一的结构。神经网络模型起源于仿生学，它是一种对大脑的抽象模拟。

神经网络是一种基于联结体系结构的数学模型，它由大量非常简单的处理单元组成，这些处理单元通过通信通道形成网络相互连接，其中每个处理单元可以调节它的强度并对输入的信号进行调整。神经网络是对人类大脑的模拟，每个处理器代表一个神经元，处理器之间的加权互联相当于脑细胞之间连接的突触，只是通过权重的设置编码在神经网络中。神经网络最令人惊讶的特征是它可以通过实例自行学习。

1943 年，心理学家沃伦·麦卡洛克（Warren Sturgis McCulloch）和数学家沃尔特·皮茨（Walter Pitts）提出了简单的人造神经元模型，并证明其在计算能力上与通用计算机相当。冯·诺伊曼也表明，麦卡洛克和皮茨的网络模型具有一定的容错性，即使网络中的某些神经元出现了异常，整个神经网络仍然能够正常工作。虽然这些早期的神经网络研究听起来十分有趣，但它们的实用价值有限，因为网络的连接、权重必须由人工设置，没有人知道神经网络如何才能进行自主学习。

美国的心理学家弗兰克·罗森布拉特（Frank Rosenblatt）在 20 世纪 50 年代和 60 年代初期的工作在一定程度上解决了自主学习问题。他提出了一种感知机模型——一个单层的人工神经元前馈网络，还提出了一种学习算法，可以用来教会感知器在给定足够数量的样本的前提下识别任何能够表示的东西。这是一个令当时许多人感到兴奋的结果。一个著名的应用例子，是建立一个感知器通过检查人们的脸部照片来区分"男性"和"女性"。

然而人工神经网络的研究在 20 世纪 70 年代初期戛然而止。很多人把原因归咎于马文·明斯基和西摩尔·派普特在 1969 年出版的《感知器》一书中对神经网络研究的批评。明斯基和派普特认为，虽然感知器的模型在理论上能够学习任何给定的数据，但感知器的能力却极其有限。最常被人们引用的例子是具有两输入的感知器无法解决异或问题。尽管这一证明

仅适用于感知器这样的单层神经网络，对于多层神经网络的表现未知，但当时的研究者只知道多层网络在理论上可能具有更强的能力，而基于感知器的训练方法在多层网络的学习上完全不起作用，一些基本的问题都无法解决。自此之后，神经网络的研究经历了三十年的萧条期。

AI 名人堂

沃伦·麦卡洛克

沃伦·麦卡洛克（1898—1969），美国神经生理学家和控制论者，他为某些大脑理论和控制论的研究做出了贡献。麦卡洛克与沃尔特·皮茨一起创建了基于数学算法的计算模型——阈值逻辑，它将查询分为两种不同的方法，一种方法集中在大脑中的生物过程，另一种方法集中在神经网络对人工智能的应用。

麦卡洛克在很多方面展现了他的才华。除了科学贡献，他还写诗，为农场设计建筑和水坝。

麦卡洛克在许多经典论文中为大脑理论提供了基础，包括《神经活动内在想法的逻辑演算》和《我们如何知道宇宙：听觉和视觉形式的感知》，两者均在《数学生物物理学公报》发表，前者被广泛认为是神经网络理论、自动机理论、计算理论和控制论的一个开创性的贡献。在1943年的论文中，他试图证明图灵机程序可以在形式神经元的有限网络中实现，神经元是大脑的基本逻辑单元。在 1947 年的论文中，他提出了设计神经网络以识别视觉输入的方法。

1952 年起，他在麻省理工学院电子研究实验室工作，主要方向是神经网络建模。根据麦卡洛克 1947 年的论文，他的团队研究了青蛙的视觉系统，发现眼睛为大脑提供的是已经在一定程度上经过组织和解释的信息，而不是简单地传送图像。

人工智能寒冬

20 世纪 70 年代之前的这段时期，研究者对人工智能的发展速度做出了近乎狂热的预言。艾伦·纽厄尔声称"十年之内，计算机程序将成为国际象棋世界冠军"；赫伯特·西蒙说"不出二十年，机器将能代替人类做一切事情"；马文·明斯基则表示"在十年之内，我们将研制出具有常人智慧的计算机器，他能读懂文学作品，可以给车加油，他能取悦人类，他的智力无与伦比"。

然而这一时期人工智能研究的大部分工作其实都是基于一些搜索技术和形式逻辑的演变。研究者很快发现，尽管这些方法在一些小规模的简单问题上可以取得不错的效果，但并不能拓展到大规模的实际问题上面。因为随着问题规模的扩大，搜索空间规模呈指数型上升。虽然 SHRDLU 这样的自然语言界面可以与人类聪明地交谈，但它并不具备处理大规模知识的推理能力，无法解决现实世界纷繁复杂的问题。即便将一个大问题拆解成子问题是可行的，比如在迷宫里寻找出口，我们可以尝试"暴力"地探索每条道路，但对于更大规模的自然语言相关的现实问题，我们根本不可能把所有单词的组合形式都尝试一遍，因为那是个天文数字。

例如，1965 年，塞缪尔的跳棋程序以 1∶4 不敌当时的世界冠军，无法超越人类；计算机程序在推导了十万步之后依旧无法证明"两个连续函数之和仍然是连续函数"；计算机将"心有余而力不足"（The spirit was

willing, but the flesh was weak）这句话翻译成俄语，再翻译回英文竟然是
"伏特加是不错，但是肉是臭的"（The vodka was good, but the meat was
rotten）。

当人工智能研究人员开始认识到这些障碍时，人们对于人工智能饱满
而又乐观的情绪就已经不复存在了。自图灵测试提出以来，人们大大高估
了早期人工智能的进步。人工智能的"炒作"效应远远超过了它本身的贡
献，研究者过于美好的预言和社会的期望给人工智能的声誉造成了巨大的
伤害。

20世纪70年代中期，人工智能行业进入寒冬，有关人工智能的商业
活动几乎销声匿迹。政府机构对人工智能研究的撤资标志着人工智能寒冬
的开始。1973年，英国议会邀请洛特里尔教授（James Lighthill）评估英
国人工智能研究的状况。他在报告中称，当前人工智能的研究"完全失
败"，没有实现最开始的"宏伟目标"。他总结到，人工智能无法在其他领
域做任何事情，"人工智能即使不是骗局也是庸人自扰"。他也特别提到了
"组合爆炸"以及"难处理"的某些问题，这意味着当时最成功的人工智
能算法也无法应用到现实世界中，只能解决一些"玩具"场景。

自此之后，那些最开始资助人工智能研究的政府和商业机构在这段时
间都不约而同地减少了它们的资金支持。英国国内的人工智能研究机构甚
至一度解散，人工智能研究仅在少数一流大学（爱丁堡大学、艾塞克斯大
学等）继续进行。更令人工智能研究人员失望的是，真正阻碍他们的还是
技术性的问题。他们的方法对于真实世界中的问题完全不起作用，有些问
题甚至无法给出清楚的定义。这让一些研究者开始思考基于逻辑形式的框
架是否真的是打开人工智能大门的钥匙。

三、专家系统与神经网络的兴衰

镜头转向20世纪80年代早期。在这一时期，研究者重新思考微世界
问题，他们普遍认识到尽管我们无法在微世界中建立一套通用的体系解决

现实世界中的问题，却可以有效地表示人类知识的某一个专业方面。现实世界中我们掌握的大部分知识，其实都是具有专业性的知识，它们并不具备通用性。比如金融、医学和法律方面的知识，这些领域都自成体系。即便在这些领域内，人们还会进一步划分出例如保险和证券、口腔医学和临床医学等子领域。没有人是众多领域的"通才"，机器也应该更加"专注"。正是在这样的背景下，一种基于专家系统的方法又为人工智能的发展注入了新的活力。

随着专家系统的商业化成功，它逐渐被世界各大公司所采用。这一时期，"知识工程"的概念逐渐成为主流人工智能的研究焦点。几乎同时，日本发起了一项史无前例的"人工智能梦想计划"，被称为"第五代电子计算机系统工程"，关于人工智能的研究又开始复苏。

然而好景不长，随着专家系统的实用化，它的弊端也开始逐渐显现。专家系统极难升级，维护成本也居高不下，极大地限制了它的可拓展性。那些最初对专家系统狂热追捧的人对此感到十分失望，认为这样的人工智能绝非下一个科技浪潮。各种研究资金遭到了削减，人工智能的发展看起来又受到了阻碍。

在这一时期，联结主义获得了重生，一种新型的神经网络和训练算法被提出，解决了之前难以训练多层神经网络的问题。神经网络又重新活跃起来。

专家系统

许多高度专业化的知识领域可以通过专家系统进行建模。专家系统是一种计算机程序，其在解决狭义问题上的能力接近甚至高于人类专家的水平，例如某些种类的股票市场交易或信用卡欺诈检测。专家系统专注于某些专业领域，但它们并不像之前的微世界那样简单，而是关注高度抽象、稀缺和有价值的信息。

尽管专家系统在20世纪80年代才开始进入商用化阶段，但它的产生

可以追溯到 20 世纪 60 年代末。1968 年美国斯坦福大学的爱德华·费根鲍姆（Edward Albert Feigenbaum）和遗传学家、诺贝尔奖获得者莱德伯格（Joshua Lederberg）等人合作，开发了世界上第一个专家系统 DENDRAL 程序。DENDRAL 程序保存了化学家的知识和质谱仪方面的知识，可以基于给定有机化合物的分子式和质谱，从数千种可能的分子结构中选择正确的分子结构。DENDRAL 的成功不仅验证了费根鲍姆关于知识工程理论的正确性，而且为专家系统的开发和应用铺平了道路，逐步形成了相当大的市场规模，专家系统在众多领域和部门得以应用。因此，DENDRAL 被认为是人工智能研究的一个历史性突破，费根鲍姆也被人称为专家系统之父。

费根鲍姆带领研究团队，为医疗、工程、国防等部门开发了一系列成功的实用专家系统，特别是在医学专家系统领域，其最杰出也最负盛名的成就，是用于帮助医生诊断传染病和提供治疗建议的专家系统 MYCIN。MYCIN 能够基于规则根据各种医学检查的结果来诊断患者是否患有血液感染疾病。在当时，MYCIN 系统的诊断结果能够和一些血液病专家的结果一样好，超越了某些非专科医生。费根鲍姆通过实验和研究证明实现智能行为的主要手段是知识，在大多数实际情况下是某个领域的专有知识。

费根鲍姆有句名言："知识中蕴藏着力量。"随着专家系统的出现，人们对人工智能的兴趣被重新点燃。许多政府和企业再次大力资助人工智能的相关研究，人工智能得到复兴。但与以往不同的是，这一次的目标不是建立通用人工智能，而是开发实用的商业系统。在此期间，随着计算机科技的进步及商业化，大量涉及各个领域的专家系统被搭建，从金融服务到医药领域，研究人员致力将领域知识和相关规则编码到专家系统当中，这项工作也被称为知识工程。

Ⓐ 小知识

知识工程

知识工程是以人类知识为基础，通过智能软件而建立的专家系统。知识工程可以看成是人工智能在知识信息处理方面的发展，研究如何由计算机表示知识，并自动进行问题求解。

专家系统本质上仅限于解决小问题，他们专注于捕捉所谓"表面知识"。表面知识由简单的规则组成，这些规则通常表征特定领域的推理。以 MYCIN 诊断程序为例，"如果轻度发热、鼻涕，那么这位患者可能患有感冒"的规则是基本的医疗专家系统的一部分。这些规则描述出来的知识并不等同于医术，因为真正的医术需要了解病理学、药理学、解剖学等方面的知识。尽管 MYCIN 在诊断血液感染方面非常出色，但是对深层次的知识却一无所知。事实上，MYCIN 不知道病人有哪些病史，他现在的状态如何，也不知道如何分析是什么导致了不舒服的症状。

在专家系统发展的十几年时间内，一部分系统在各自的领域内证明了其实用性和低成本高效益，另一部分却没有。人工智能研究人员也低估了提升专家系统能力的难度，因为获取人类专业知识并把它们编码到专家系统所需的基于规则的形式极其复杂，这套框架工作起来十分困难。在某些领域，基于知识变化的速度或潜在目标市场的规模等因素，研究者发现获取和编码知识的成本是非常昂贵的，并且鲁棒性极差，当问题稍微变化一下，系统就会出现莫名其妙的错误。但是在信用卡欺诈检测等领域，专家系统已经完全融入组织开展业务的方式，甚至不再被认为是"人工智能应用"。

Ⓐ 小知识

鲁棒性

"鲁棒"是 robust 的音译，意思是健壮的、强壮的。鲁棒性

（robustness）原是统计学中的一个专门术语，20世纪70年代初开始在控制理论的研究中流行起来，用以表征控制系统对特性或参数扰动的不敏感性，也被翻译为"抗变换性"

第五代电子计算机系统工程

1982年，日本正式对外宣布开展"第五代电子计算机系统工程"，进行了一场史无前例的实现"人工智能梦想"的尝试。"第五代电子计算机"提出的目的是希望克服冯·诺依曼结构的瓶颈，这种新一代的机器的搭建基础不是标准的微处理器，而是专门从事逻辑编程的多处理器。这一工程认为，这些高功率逻辑机器将加快信息世界的发展，实现人工智能。

日本多年来在计算机技术上落后于美国，制造"第五代电子计算机"的动机很简单，就是为了创造新的技术并在计算机行业迎头赶上。项目推动者希望复制日本在汽车行业上的成功。研究者认为，"知识处理"将成为计算机的未来，而项目的关键目标之一是研发有效的知识信息处理系统。项目的理论核心是人工智能不是通过那些看起来新奇的花哨算法来完成的，而是通过大量的知识库迭代并从数据中推断出事物来实现的。

然而经过了将近10年的研究，花费了超过10亿美元的资助，被寄予厚望的"第五代电子计算机系统工程"最终还是走向失败。日本政府于1992年6月终止了该计划，并把这一工程开发的软件无偿赠送给任何公司。这一工程的主要问题是未能实现真正智能的软件。研究人员从事了许多自然语言处理、自动定理证明以及围棋游戏等问题相关的研究。但是，由于当时的硬件设备并没有达到足够的效率，这些领域都没有实现重大突破。即便拥有超强计算能力的机器设备，研究人员也没有找到合适的方法来教会程序如何进行智能决策。在某些情况下，更快的计算能力可以转换为更强的智慧能力，然而当时的瓶颈是人们无法找到一个合适的方法来教会计算机进行抽象思考，因为很多问题过于复杂。

尽管没有达到预期目的，但这一时期人工智能技术的总体发展还是不断进步的，例如基于并行化的实现和强调硬件条件等一些重要观点得到了相关研究者的注意和肯定，并且基于海量知识库和逻辑推理的研究工作也没有终止。

在经历了二三十年令人难堪的缓慢进展后，人工智能领域的研究者普遍达成了一个基本结论：智能行为需要大量的知识，需要由人给计算机灌输常识。因为即使读懂一篇文章中的一小段话也需要理解上下文语境，而这超出了计算机程序的能力。

神经网络的兴衰

人工智能研究在 20 世纪 80 年代后期和 90 年代初又经历了一次巨变。随着专家系统的局限性开始显现，人们将注意力转向机器学习这个曾经被忽视的领域，特别是神经网络。基于反向传播的神经网络学习算法被提出，该算法允许训练多层前馈网络。让人兴奋的是，理论证明，只要给定足够数量的处理单元，神经网络就可以实现任何可计算的功能。在计算框架层面，分布式计算也为多层神经网络提供了架构支持，使得前向计算更加高效。基于反向传播的训练算法能使神经网络成功实现一些复杂功能，它可以轻易解决异或问题。在 20 世纪 90 年代初，神经网络在商业化方面也获得成功，它们被应用到光学字符识别和语音识别当中。

然而坏消息是，反向传播并不像感知器的学习规则那样，尽管多层神经网络足够强大，但它不保证一定能够找到可行的解。换句话说，反向传播并不能保证多层网络能够学习到一个特定的功能，不论我们给它提供多少样本、花费多少时间去在这些样本上训练。

在与基于符号逻辑学派的方法对比时，神经网络这种基于联结主义的方法也显得力不从心。因为神经网络的模型无法通过分析来证明为什么它能够给出有效输出。事实上，即使是专门研究神经网络的专家也无法确定神经网络到底什么时候才会训练完毕。此外，神经网络的泛化能力也极差。当时关于神经网络流传着一个很滑稽的案例，一些从事图像识别技术

的军事应用的研究者想利用神经网络来训练一个识别器，试图通过大量的图片样本让机器识别出丛林中是否存在坦克。虽然在训练样本上这个识别器的表现还不错，但当拿它到实际场景中做测试的时候，人们却发现这个识别器完全不能输出正确结果。当时的研究者花了很长时间来思考这个问题，最后发现，原来样本图片中所有带坦克的照片都是在阴天拍摄的，没有带坦克的照片都是在晴天拍摄的。这个神经网络的识别器只是学会了分辨阴天和晴天，并没有学到坦克具有哪些特征。

图 2-9　坦克检测问题中使用的正负样本

人工智能的第二次低谷

工业界对专家系统的过度吹捧导致了泡沫的产生，致使专家系统"破产"，而神经网络的第二次复兴也因为其局限性没有产生太大的影响力。关于人工智能的研究资金在 20 世纪 80 年代末开始逐渐缩减，美国国防高级研究计划局的时任领导认为人工智能并非人们所期待的"下一个科技浪潮"，他们将优先资助那些看起来更容易出成果的项目。

在这一时期，"人工智能"一词似乎成了烫手山芋，许多研究者不得不用其他名字来"伪装"自己的研究以便继续获得资助。但在这段时间，许多与人工智能研究关系紧密的领域得到了快速发展，例如机器学习、信息学、知识系统、模式识别等。

控制论与行为主义学派

在专家系统与神经网络都沉寂的这段时间内，一种全新的基于控制论和机器人技术的人工智能新范式被提出，这一范式的研究者被统称为行为主义学派。行为主义学派从控制论思想出发，从行为上模拟人和生物的智能行为，建立了一整套从感知到动作的控制体系，比如智能机器人和智能控制的相关研究。

行为主义学派研究者强调人工智能的核心是人类的智能行为及进化过程，一个智能机器必须要有一个能够感知、行动的躯体，能与外部世界进行交互。他们认为，感知和控制能力是进行复杂推理的基础，研究人工智能应该首先研究人类感知和行动的本能，而不是高级的逻辑推理，不解决基本问题就无法实现复杂的思维模拟。

这一观点将当时体系已经很成熟的控制论学科引入人工智能，并形成了智能控制领域。典型的成果包括波士顿动力公司研发的著名的"大狗"机器人等。

图 2-10 波士顿动力公司的"大狗"机器人

四、互联网时代的蓬勃发展

随着 20 世纪 90 年代互联网时代的来临和计算机性能的提升，人工智能通过智能代理、商品推荐、搜索引擎等专业性应用渗透到各个行业中。虽然人们对"人工智能"一词还是心有余悸，但它确实已经开始在工业界发挥作用了。

智能代理

智能代理是在 20 世纪 90 年代初期提出的一种新范式，是指一个系统，它能感知到周围的信息，然后采取某些行动来完成它的目标。最简单的智能代理可以是一行程序，它能输出一段话。而人类是一种复杂的智能代理体，是具有理性和情感，并且会思考的复杂代理体。人工智能中的智能代理范式在认知科学、伦理学、实践理性哲学以及许多跨学科的社会认知建模和计算机模拟中都有研究。智能代理也与软件代理（一个代表用户执行任务的自主计算机程序）密切相关。

互联网中的智能代理主要用于辅助传统的由人手动执行的数据检索任务。通常情况下，智能代理会在预定的时间或由用户手动启动来执行。然后，它搜索整个互联网或用户指定的几个网站并提交搜索和查询请求。当发现相关性匹配时，智能代理会进行复制、提取并导出数据。收集到的数据以原始格式或报表格式呈递给用户。一些高级智能代理工具使用基于人工智能的数据匹配和检索技术，这使得他们能够收集到质量更高和相关性更强的数据。智能代理比较通用的形式包括购物代理、新闻推送代理和网络爬虫代理等。

搜索引擎与推荐系统

大约在 2000 年，谷歌公司的搜索引擎开始崛起。谷歌通过名为"PageRank"的算法取得了更好的搜索效果。谷歌联合创始人谢尔盖·布林（Sergey Brin）和拉里·佩奇（Larry Page）所写的《搜索引擎剖析》一文详细描述了算法的实现细节。这种迭代算法基于每个网页的站外链接数量和引用数量来排列网页，这一方法可以保证内容更佳的网页比其他网页的搜索排名更靠前。

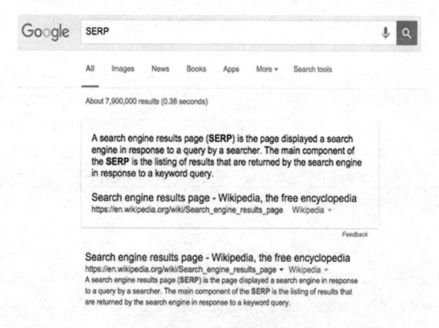

图 2-11　谷歌搜索引擎

"推荐系统"一词首次出现在 1990 年哥伦比亚大学一篇名为《数字书架》的技术报告中。推荐系统是信息过滤研究的一个子课题，它的目的是预测用户对项目的评价或偏好，根据用户的兴趣和购买行为来为用户推荐可能感兴趣的信息和商品。随着互联网技术的不断进步，推荐系统被广泛

应用于电影、音乐、新闻、书籍、学术、搜索、社交和购物等各个领域。在互联网行业井喷和信息以爆炸式增长的背景下，人们对信息获取的质量和有效性的要求也越来越高，推荐系统也因此成为研究热点。

集成发展

越来越多的人工智能研究者开始使用数学工具来辅助许多复杂问题的研究。人们已经达成了一种共识：人工智能需要解决的问题已经成为数学、经济学和运筹学等领域共同面临的挑战。共享数学语言有助于跨学科之间相互借鉴，而且方便在同一平台上测试结果，并进行比较和评估。有了数学工具的支持，人工智能成为一门更加严谨的学科。

从 20 世纪 90 年代开始，人工智能的研究受到概率论和统计学的影响。朱迪亚·珀尔（Judea Pearl）在 1988 年出版的《智能系统中的概率推理》中，首次将概率论和决策论引入人工智能的研究。贝叶斯网络是其中的一项重要成果。贝叶斯网络是一个图模型，这种图模型能把变量之间的关联程度以概率的方式连接起来，当与统计学的相关技术结合起来的时候，贝叶斯网络在解决数据分析方面的问题时十分有效。除此之外还有马尔可夫模型、信息论、随机模型、卡尔曼滤波器和经典优化理论，等等。针对神经网络和进化算法等计算智能领域的范式，也以一种精确的数学描述被建立起来。而在 2001 年"911 事件"过后，人们对异常检测系统（包括机器视觉和数据挖掘方面的研究）也产生了兴趣，更多的研究资金也被注入了这一领域。

AI 名人堂

朱迪亚·珀尔

朱迪亚·珀尔，1936 年出生，美国计算机科学家和哲学家，因创建人工智能概率方法和贝叶斯网络而知名。2011 年，他因通过概率和因果推理的算法研发在人工智能研究领域取得的杰出贡献而获得图灵奖。

1965 年，珀尔在 RCA 研究实验室研究超导参数和存储设备，在 Electronic Memories 公司从事高级存储系统研究。当半导体"消灭"了珀尔的工作之后，他于 1970 年加入加州大学洛杉矶分校工程学院，开始研究人工智能概率方法。

珀尔是贝叶斯网络和人工智能概率方法的先驱，也是第一个在经验科学中使用数学化因果建模的研究者之一。珀尔被加州大学洛杉矶分校计算机科学教授理查德·卡普（Richard Karp）描述为"人工智能领域的巨人之一"，他在因果关系方面的工作使得统计学、心理学、医学和社会科学领域的因果关系研究有革命性的发展。

五、大数据时代与"深度"浪潮

经历了 21 世纪首个十年的沉淀和积累，人工智能终于迎来了崛起。大数据的获取、更快的计算能力和先进的机器学习技术成功应用于整个经济产业的许多实际问题中。2012—2016 年，全球人工智能融资规模达 224 亿美元。《纽约时报》报道称，人们对人工智能的兴趣已达到了近乎"疯狂"的地步。

大数据

没有人生下来就有学习和判断的能力，智力需要被开发、被教导。基因赋予了大脑处理事情的能力，但我们还是需要在现实世界里频繁地进行训练和认知，才能轻易地区分出什么是猫，什么是狗，对于人工智能来说也是如此。迄今为止最好的计算机下棋程序也必须至少训练几千次棋局才能稍微提高一点点棋力。人工智能在这一时期取得突破的一个重要原因，在于数据的收集以滚雪球式的速度增长，这为人工智能研究者提供了坚实的研究基础。

大数据指的是数据量庞大且复杂的数据集。在这个世界里方方面面的活动都以数据的方式记载着，大规模的数据库、定位跟踪数据、网络浏览缓存、在线足迹、亿万级的存储数据、最近几十年的搜索数据、维基百科等等，组成了我们这个数据化的世界，它们扮演着导师的角色使得人工智能一步步变得更强。

更强、更深的算法

随着深度学习的出现，多层神经网络获得了新生。神经网络早在 20 世纪 50 年代就已经发明了，其间经历了几次沉浮。计算机科学家花了几十年的时间，来学习如何理顺神经元之间的组合关系，而神经元的个数达到百万级别，有时甚至上亿级别。这一问题的关键是怎样组织神经网络，及以怎样的形式堆叠成层。我们以一个相对简单的任务为例，来分析深层次的神经网络在做什么事情。假如我们用神经网络去识别人脸，当网络中的某一级被图像中的一组局部像素值（例如眼睛的图像）触发时，被激活的神经元信号被移动到下一级用于进一步的解析；下一级可以将两只眼睛的信号组合到一起，并将这个有意义的局部模块传递到另一个层次结构，将其与鼻子的模式相关联。

一个深层次的神经网络使用数百万节点（每个节点计算它收到的信号，并馈送到下一级节点），可以堆叠高达 15 个层级的网络用来识别人脸。2006 年，多伦多大学的杰弗里·辛顿（Geoffrey Hinton）教授对这种方法进行了一个重要的调整，他将其称为"深度学习"。含多隐层的多层感知器就是一种深度学习结构。深度学习通过组合低层特征形成更加抽象的高层来表示属性类别或特征，以发现数据的分布式特征表示。他采用了数学方法在每个层次的结果上进行优化，这种层次式的推进加快了神经网络的学习效率。深度学习算法在随后短短的几年间被大大提速，并被移植到了图形处理器（GPU）中。如果仅从深度学习的代码层面上看，并没有产生任何复杂的逻辑思维，但它却是当前人工智能领域最耀眼的一颗明珠。

对深度学习进行批评的人也有很多，其最主要的问题就是许多方法缺乏理论支撑。大多数深度学习的方法仅仅是梯度下降的某些变式，尽管梯度下降方法已经被充分研究，但在实际使用时，很多方法更像是研究者根据经验归纳出的一些"技巧"或"把戏"，并没有获得充分的研究和论证，其收敛性等数学问题仍不明确。深度学习方法常常被视为"黑盒"，大多数的结论都由经验而非理论来确定。也有学者认为，深度学习应当被视为通向真正人工智能的一条途径，而不是一种包罗万象的解决方案。尽管深度学习的能力很强，但和真正的人工智能相比，仍然缺乏诸多重要的能力。理论心理学家加里·马库斯（Gary Marcus）指出："就现实而言，深度学习只是建造智能机器这一挑战中的一部分。这些技术缺乏表达因果关系的手段，缺乏进行逻辑推理的方法，而且远没有具备集成抽象知识的能力，例如物品属性、表示方法和典型用途的信息。"最为强大的人工智能系统，例如 IBM 的人工智能系统沃森，仅仅把深度学习作为一个包含贝叶斯推理和演绎推理等复杂技术集合中的一个组成部分。虽然如此，人们还是对深度学习的前景充满希望。

廉价的并行计算

并行计算不是人工智能的研究主题，但它却为人工智能近十年的发展提供了速度上的突破。十多年前，当一种被称为图形处理器的新型芯片问世时，它的目的是用于解决游戏中的动态视觉呈现和并行需求。数百万像素必须重新计算许多次，这需要一个专门的并行计算芯片作为 PC 主板的补充。并行图形芯片设计生产方面的突破使得游戏体验得到了飞跃性的进步。到了 2005 年，图形处理器的生产已经变得越来越便宜。2009 年，吴恩达（Andrew Ng）和他的斯坦福研究团队意识到图形处理器可以并行运行深度神经网络。

这个发现为神经网络的研究破除了很多障碍。传统处理器可能需要几个星期来计算一个百万级参数的神经网络，而一组图形处理器可以在一天内完成同样的事情。如今，诸如 Facebook 等支持云计算的公司都在图形处理器上运行深度神经网络，它们常常被用于识别照片中的人。Netflix 公司也在运用相似的技术为其超过 5000 万订阅者提供可靠的节目推荐。

六、无处不在的人工智能

在最近的十年间，计算速度的提升、新型算法的提出和海量的数据基础使得基于人工智能的服务开始进入人们的生活当中，之前只能出现在科幻世界中的场景逐渐成为现实。

自动驾驶汽车

谷歌一直都在为他们最初的目标进行着努力——索引整个互联网。现在他们试图"索引现实"，而完善自动驾驶就是其中的一项任务。自动驾驶汽车依靠人工智能、视觉计算、雷达、监控装置和全球定位系统协同合作，让电脑可以在没有任何人类主动操作的情况下，自动安全地操作机动车辆。在车辆导航出一条特定路线之前，电脑会仔细查看附近的路况，得到一张精确的周边地图，自动驾驶汽车只需用车顶安装的激光器、相机和雷达系统扫描环境就可以完成这一任务，并且能够发现任何周围的异常状况。这比建立起一个实时的全局地图更容易实现。

图 2-12　谷歌的自动驾驶汽车

人机交互

为了获得更好的游戏体验，使玩家能真实地融入游戏环境中，微软 Xbox Kinect 的研究人员利用了最新的机器学习技术。首先，设备的红外发射器和传感器会创建出包含玩家体态框架的 3D 图像，并判别出其不同的部分——肩、脚、手等。然后，利用被称为"决策森林"的方法，Kinect 的人工智能系统预测出身体下一个最可能出现的位置。这样的一个系统能够实时地读取玩家的动作，而且不会占用过多的 Xbox 内存。

图 2-13 微软的 Kinect 用于 Xbox 360

个人照片管理

马特·蔡勒（Matt Zeiler）希望用户能够像查找电话号码一样轻松找到照片。他的创业公司 Clarifai 正在开发一种新的搜索技术来索引手机上的照片。传统图像搜索工具只专注颜色和线条，Clarifai 的人工智能软件则可以理解出转角和平行线，然后掌握更高级的概念，比如轮子或汽车。

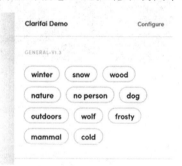

图 2-14 Clarifai 的测试样例

通用翻译器

Skype 翻译器在 2014 年年底推出了测试版本，实时翻译语音，能让使用不同语言的人进行交流。对于语音识别，它分解出词的样本，分析它们，直到它实现对声音的组合并掌握形成语音的最佳方式。

图 2-15　利用 Skype 翻译器的实时交流

更强的新闻嗅觉

　　Facebook 公司聘请深度学习专家杨乐昆（Yann LeCun）领导其人工智能实验室。他的任务是改进社交网络的语音识别和图像识别软件，使其能更有效地推送一些用户可能更关心的话题。您可能会很轻易地在社交网络上发现一些自己很感兴趣的视频或照片，而你的朋友就出现在其中。

图 2-16　Facebook 的推荐系统

强大的学习能力

由谷歌 DeepMind 开发的人工智能围棋程序 AlphaGo，在 2015 年 10 月成为第一个无需让子，在 19 路棋盘上击败职业棋手的电脑围棋程序。2016 年 3 月，在一场比赛中，AlphaGo 于前三局以及最后一局均击败顶尖职业棋手李世石，成为第一个不借助让子而击败职业九段棋手的电脑围棋程序。2016 年 12 月，在中国弈城围棋网上 AlphaGo 程序以 "Master" 为代号，连续 60 次战胜古力、朴廷桓等人类顶尖棋手。2017 年 5 月 AlphaGo 围棋程序又以 3：0 完胜世界排名第一的棋手柯洁，并在 2017 年年底宣布其自学习版本 AlphaZero 在围棋、日本将棋、国际象棋均战胜此前最强的棋类电脑程序。

AlphaGo 使用了深度神经网络配合强化学习的训练方法，并利用启发式的蒙特卡洛搜索树算法和自我博弈，电脑可以结合树状图的状态推测当前的最优走子，并且能够不依赖人类棋谱的先验知识，从零开始自主训练，展现出了极强的学习能力。

图 2-17　李世石与 AlphaGo

回顾人工智能的发展历史，经历了数次起伏。很多学者认为人工智能的发展曾经历了一些低潮期，但我们回顾人工智能 60 年来的各个阶段，其实只是某些子领域的研究出现了起伏：在神经网络第一次沉寂期间，专家系统和知识工程逐渐兴起；而在专家系统的研究出现瓶颈后，神经网络又取得了突破。人工智能的研究始终在以这种类似"螺旋上升"的方式稳步前进着。而现在，人工智能终于进入了爆发的前夜。2016 年年初就有上亿人直接或间接地观看了 AlphaGo 与李世石的比赛，智能手机、智能家居、智能安防逐渐走入人们日常生活。中国有句古话叫做 60 年一轮回，然而对于人工智能来说，这 60 年迎来的并不是轮回，而是新生。

第三章

传统人工智能与

计算智能

　　"传统方法"常常给人带来的刻板印象是"已经长期存在的、成熟甚至于落后的方法"。实际上人工智能领域的研究已经有 60 余年，提出了种类繁多的方法，我们很难从时间维度上，精确地划分出传统人工智能方法。通常，人们将人工智能的探索早期（20 世纪 60—80 年代）所发展出来的一些方法都归属于传统人工智能，它是以符号表示的知识为基础，通过推理来进行问题求解以实现功能模拟的方法，主要包括各种启发式搜索方法，基于符号的知识、逻辑谓词、逻辑推理等等。

　　当然，在这个发展时期，人工智能三大学派——符号主义学派、联结主义学派和行为主义学派均从自己的研究角度出发，发展了一些人工智能方法。然而，人工智能的发展并不是一帆风顺的，大部分的方法都经历了起伏，其中有些重要的思想经过沉淀后，被逐步阐明，并长远地影响了现代人工智能的发展。

　　20 世纪 90 年代初，人们逐渐意识到计算智能方法的重要性。计算智能代表了一类以数据为基础、以计算为手段来建立功能上的联系（模型），从而进行问题求解，以实现对智能的模拟和认识的方法。其中模型是指具有生物背景知识并描述某一智能行为的数学模型。实际上随着对事物复杂性的研究进一步加深，人们发现许多复杂问题难以进行理论分析，而计算智能以数值实验和实验模拟作为研究的主要手段，取得了很大的成功。可以说，广义的计算智能定义涵盖了现代人工智能领域的大部分研究内容和手段。计算智能的概念在 20 世纪 90 年代初被电气和电子工程师协会（IEEE）首次使用。目前，计算智能领域的研究主要集中在模糊逻辑、神经网络、进化计算与群体智能等方面。

一、符号逻辑

在人工智能研究的早期阶段，人们认为该领域的发展会遵循其他学科，如数学和物理发展的范式：基于少数几条基本的公理和定义，通过数理逻辑演绎出定理和其他推论。我们将这种思想称为符号主义。实际上19世纪末到20世纪30年代，正是数理逻辑迅速发展的阶段，同时在20世纪40年代计算机出现后，数理逻辑方法又能通过计算机进行验证。受此影响，最早的人工智能研究者大多属于符号主义学派，实际上也是他们在1956年提出了"人工智能"这个术语。符号主义学派认为，人工智能领域也应该由数理逻辑所主导，在给定由公理和规则组成的集合后，所有智能行为都似乎能归结为对特定命题的判定问题。

专家系统

符号主义学派为人工智能的早期发展做出了卓越的贡献，其中典型的应用是专家系统。专家系统是一种旨在模拟人类专家决策能力的符号逻辑推理系统。专家系统通常分为两个子系统：知识库和推理引擎。知识库是一种用来存储结构化信息的技术手段，用于保存专家系统中的事实和规则。推理引擎是一种自动推理系统，用于评估知识库的当前状态，并应用相关规则进行逻辑推理，然后将新结论添加到知识库中。推理引擎通常还拥有解释能力，使得其可以向用户解释得到特定结论所使用的规则和知识情况。

专家系统在20世纪60年代由爱德华·费根鲍姆领导的斯坦福启发式编程项目引入。他们首先将专家系统应用在知识密集型和高度复杂的领域，例如诊断传染病和鉴定未知有机分子等。尽管早期专家系统的研究重点倾向于基于规则的系统，但费根鲍姆认为：专家系统的能力来源于它们

拥有丰富的知识库，而不是具体的逻辑规则和推理方案。于是人们开始意识到：要使专家系统拥有智能，必须向它提供大量有关领域的高质量的专业知识。自那以后，关于专家系统的研究方向开始转向通用问题解决系统的开发。

专家系统实例：MYCIN

细菌感染性疾病的诊断是非常复杂和困难的，内科医生首先会询问病人的一些基本情况，了解临床情况、症状、病历以及详细的实验室观测数据等。而在诊断引起疾病的细菌类别时，往往要采集病人的血液和尿液等样本，并经过较长时间的培养。而在很多情况下，病人的病情不允许长时间等待，因此医生经常需要利用少量的已知信息，决定病人的治疗方案。

"MYCIN"原意是"霉菌"，它是由斯坦福大学建立的对细菌感染疾病的诊断和治疗提供咨询的计算机咨询专家系统。MYCIN系统由3个子系统组成：咨询子系统、解释子系统和规则获取子系统。咨询和解释子系统用于实现MYCIN与医生之间的交互过程；规则获取子系统由建立系统的知识工程师使用，当发现有规则被遗漏或不完善时，知识工程师可以利用这个系统来增加和修改规则。系统所有信息都存放在2个数据库中：静态数据库存放咨询过程中用到的所有规则，它实际上是专家系统的知识库，初始的知识库包含有200条关于细菌血症的规则，可以识别大概50种细菌；动态数据库存放关于病人的信息，以及到目前为止的询问记录。

MYCIN在帮助医生进行疾病诊断时，大致遵循两个步骤。第一步，咨询开始时，先启动咨询系统，进入人机对话状态。在对话过程中，系统向医生提出必要的问题，进行推理。所询问的问题取决于医生以前所做的回答，系统只在根据已有的信息无法推论所需的信息时才询问。如果医生对咨询的某些部分有疑问，例如，想知道为什么要询问某个特定的问题，他可暂停咨询，向系统提出问题。这时系统将给予解释，并示范系统所希望回答的例子。然后系统又重新返回到咨询过程。第二步，当结束咨询时，系统自动转入解释子系统。解释子系统回答用户的问题，并解释推理

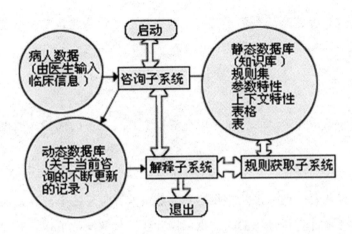

图 3-1　MYCIN 系统示意图

过程。解释时，系统显示用英语形式表示的规则，并说明为什么需要某种信息，以及如何得到某个结论。这样做的主要目的是使医生容易接受系统的结论。对 MYCIN 系统所做的正式鉴定表明，在对菌血症和脑膜炎病人的诊断和选择处方方面，MYCIN 系统比传染病方面的专家更高明。然而由于其缺乏传染病方面的全面知识，该系统最终没有投入临床实用。

专家系统的发展历程

20 世纪 80 年代，专家系统已经广泛应用于医学、地质勘探、石油资源评价、企业管理、工业控制以及数学、物理学、化学等自然科学上。大部分高校提供关于专家系统的课程，几乎三分之二的财富 500 强公司利用专家系统对客户展开业务服务。

然而专家系统的发展并没有跟上信息技术产业发展的步伐。20 世纪 80 年代中期，个人电脑的普及和客户机-服务器架构的兴起对专家系统的市场造成了巨大冲击。IT 部门更加愿意将客户和专家通过个人电脑直接连接起来，而不是进行复杂的专家系统开发。同时，客户机-服务器架构提供了将客户和专家通过个人电脑直接连接起来的平台，相比专家系统，它不需要收集大量的专门知识并定义庞杂的推理方案，开发成本更低，运

作更加高效。专家系统丧失了其独有的优势。尽管如此，专家系统依然是首批真正成功的商用人工智能应用。

专家系统的优缺点

从现在的眼光来看，专家系统在应用上有其独有的优势，但也存在着明显的缺点。

专家系统的优点是易于开发和维护。首先，维护和使用专家系统时，一般没有代码写入的需求，不仅避免大量由编程带来的小问题，而且使得没有受过专业计算机训练的人员也可以胜任其日常维护工作。其次，专家系统的知识库和推理引擎是分离的，对于推理引擎的开发而言，通常有大量现成的逻辑流程可以复用。在收集完知识库中的事实和规则之后，剩余的开发流程非常简单高效。

专家系统的缺点体现在以下两个方面。

第一，专家系统知识库中的规则和事实都需要人为定义和补充，首先决定了专家系统的智能水平不会高于人类，而且无法很好地解决难以定义规则和事实的复杂问题，如自然语言处理等。其次，在学术文献的表述中，专家系统最常见的缺点是知识获取问题。尽管后来的大量研究集中在用自动化工具获取由专家定义的规则的设计上，但相比其他软件系统，专家系统的知识获取周期仍然要长得多。最后，在专家系统火热的20世纪80年代，人们还未预见到随着互联网的发展和计算机的普及，会涌现出海量的丰富数据资源。专家系统对于直接利用海量数据中的信息基本上是无能为力的，需要依靠人工智能的其他领域，如人工神经网络等进行智能处理。

第二，专家系统一般专注于解决某个特定领域的问题，离人们心目中的通用人工智能系统还非常遥远。专家系统基于逻辑推理，因此无法解决非逻辑性的问题。实际上人们更期待的是借由专家系统的推理能力和庞大的知识库，得到新知识或新方法，从而带来某一领域的观念上的创新甚至颠覆，然而这是目前的专家系统所无法做到的。

模糊逻辑

我们习惯上将符号主义学派早期所使用的数理逻辑方法称为精确逻辑，因为其对于命题可以用精确的规则进行划分。比如对于人的年龄，可以认定大于 18 周岁均属"成年人"集合，而小于 18 周岁者则被排除在"成年人"集合之外。这种划分是精确而严格的：一个人按照年龄划分为"成年人"或"未成年人"后，只能而且只会从属于两个集合之一，这是精确逻辑的特点。然而随着计算智能的发展，人们发现实际问题中存在大量精确逻辑无法有效处理的集合。例如还是关于人的年龄，"年轻人"集合就很难精确地依照年龄进行划分——对于 35 岁的人而言，他在 70 岁的人眼里正处年轻力壮，理应划分在年轻人范畴中；而在一个 15 岁的学生眼中，他似乎又应该被划分在"中年人"的范畴中。用精确逻辑的办法，很难处理类似"年轻人"的集合。诸如此类的现象数不胜数，与"精确逻辑"相对应，我们称之为"模糊逻辑"。

模糊集合与隶属度

1965 年美国数学家卢特菲·扎德（Lotfi Asker Zadeh）首先提出了模糊集合的概念，标志着模糊数学的诞生。模糊逻辑中借鉴了大量集合论的方法和观点，将数理逻辑进行了推广和改善。在集合论中，任意元素相对某一集合，均只存在"属于"（取值为 1）或者"不属于"（取值为 0）两种状态。模糊逻辑从集合概念出发，将只取 0 和 1 二值的普通集合概念推广为 [0，1] 区间上取无穷多值的模糊集合概念，并由此定义了"隶属度"的概念。与数理逻辑的集合概念不同，在模糊逻辑中的元素可以属于多个不同的集合，元素和不同集合的关联性强弱由隶属度决定。举例来说，35 岁的人属于"年轻人"和"中年人"集合的隶属度可以分别是 0.6 和 0.4，而另一个 45 岁的人对于以上两个集合的隶属度则可能分别是 0.1 和 0.9。精确变量"年龄"在"年轻人"或是"中年人"的任意单独集合

中都是难以比较的，但是经由隶属函数处理，"年龄"变量和两个集合的关系强弱得到了确定，达到了在某个集合上相对可比的性质。隶属度用于表示不确定性的强弱，但是又不同于简单的概率随机性，后者只涉及信息量的概念，而隶属度则在此基础上加入了信息的意义和定性，可以说隶属度是一种比随机性更加深刻的不确定性质。

模糊推理和控制

模糊逻辑也指导并控制了生物的行为。例如，如果要把垃圾从远处扔入垃圾箱中，人脑不会也无法去精确地计算物体质量、距离和方向等物理因素，只是通过"模糊"的感知估计来进行推断并控制投掷垃圾所用的肌肉力量。从这个角度讲，我们获得的信息往往是不精确、不完全的，或者事实本身就是模糊不清的，而我们又希望利用这些信息进行推理和决策。传统的数理逻辑对此无能为力，于是学者们从模糊逻辑的角度出发，提出了模糊推理和模糊控制方法。

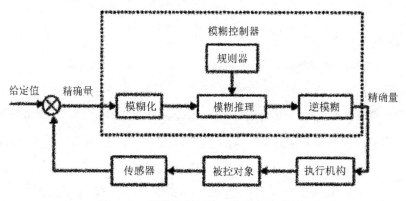

图 3-2　模糊控制系统工作原理示意图

模糊控制系统的基本原理如上图所示。其核心部分是虚线框中的模糊控制器，主要功能是利用隶属函数完成输入变量的模糊化、模糊推理以及输出变量的去模糊化。以空调自动调节温度的机制为例，首先模糊控制系统会将精确测量得到的实际温度和给定温度进行对比，记录温度变化的速率。随后模糊控制系统用隶属函数处理上述变量，得到模糊变量，并系统利用模糊规则对模糊输入进行推理得到模糊控制变量。模糊规则一般是通过实验得到的经验规则和事实，会考虑到人对于环境温度及其变化情况的模糊感知，使得温度变化更加平缓，同时达到节能减耗的目的。最后模糊控制变量再借用隶属函数去模糊处理为精确的控制变量：如空调机的制冷强度、制冷模式，等等。

模糊控制方法在工业领域得到了广泛的应用，相比于常规系统，通常具有以下优点：

第一，控制系统中的输入变量，存在一些不易获得精确数学模型的被控对象，其结构参数不是很清楚，或难以求得，只有操作人员或领域专家通过经验或知识才能掌握。而模糊控制无需知道被控对象的数学模型。

第二，模糊控制中规则的制定是人类智慧的反映，具有设计简单、构造容易、鲁棒性好和易于被人们接受等特点。

二、人工神经网络

神经元与感知器

神经元

人工智能的发展离不开认知科学领域对生物神经网络的研究。生物神经网络依靠数量庞大的神经元和突触连接组成，其中突触连接起到了在神经元之间进行信息传递的作用。1943 年，心理学家沃伦·麦卡洛克和数学家沃尔特·皮茨建立了著名的阈值加权和模型，简称为 M-P 模型：一个神经元接受的信号可以是起刺激作用的，也可以是起抑制作用的，其累积效果决定该神经元的状态，同时神经元的突触信号的输出是"全或无"

的，即仅当神经元接受的信号强度超过某个阈值时，才会由突触进行信号输出。1949年，心理学家唐纳德·赫布（Donald O. Hebb）提出神经元之间突触联系是可变的假说，他认为神经元之间的连接强度决定信号传递的强弱，并且连接强度是可以随学习而改变的。

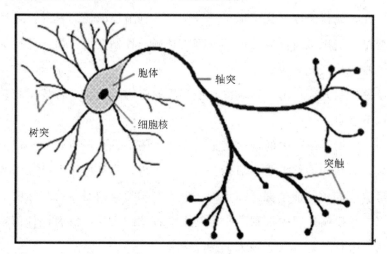

图 3-3   生物神经元结构

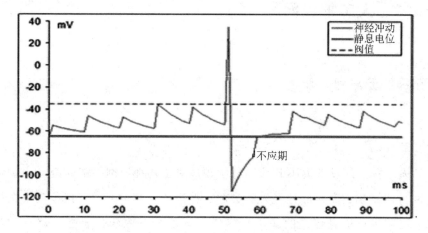

图 3-4   神经冲动

基于以上认知科学的发现，以马文·明斯基、弗兰克·罗森布拉特、伯纳德·威德罗（Bernard Widrow）等为代表的学者，在 20 世纪五六十年代掀起了感知器的研究热潮。

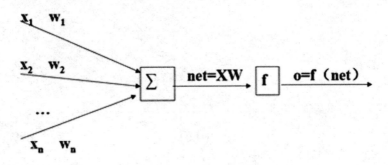

图 3 - 5　感知器原理示意图

感知器基本原理

上图是感知器的基本工作原理示意图。感知器是对生物神经网络的简单模拟。从数学角度看，它模拟了生物神经元的特性。首先，它可以接受来自多个不同感知器的输出或者外部输入信号作为输入连接，图中 x_1，x_2，…，x_n 用于表示感知器的输入；感知器拥有自己的局部内存来模拟神经元的记忆状态，图中 w_1，w_2，…，w_n 代表感知器内部保存的参数值。和生物神经元类似，感知器模拟了生物神经元的一阶特性：其输出仅依赖于输入连接的所有输入信号值和存储在处理单元局部内存中的参数值相互作用后的累计值。其次，为了模拟生物神经元的"全或无"输出模式，通常会将感知器的输出用"激活函数"进行处理。感知器输入和输出之间的映射关系，可以用如下的公式表示：

$net = XW = x_1 w_1 + x_2 w_2 + ，…，+ x_n w_n$

$0 = f（net）$　　f 为激活函数

感知器通常取非线性函数作为激活函数，如 S 形函数等。

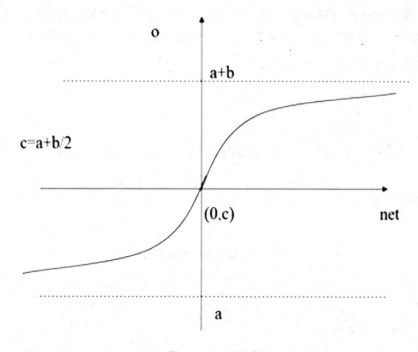

图 3-6　S形函数

　　当感知器的输入输出都为多维时，可以将多个感知器组合起来形成感知器网络，其结构如下图所示：

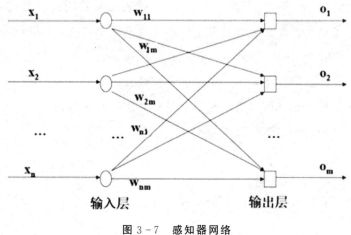

图 3-7　感知器网络

感知器的学习

感知器的学习过程即调整其中存储的参数值的过程。从数据的角度看，感知器的学习可以分为无监督学习和监督学习两大类。

无监督学习是指学习过程中，数据中输入样本的信息，但不知道输入与输出之间的关系，感知器通过学习抽取输入样本的特征或统计规律。无监督学习的代表算法有 Hebb 算法等。

监督学习是指在学习的过程中，数据是成对出现的，除了感知器的输入外，与输入对应的输出是已知的。监督学习的基本方法是逐步将集中的样本输入到网络中，根据输出结果和理想输出之间的差别来调整和学习感知器中存储的参数，从而使感知器的输出逐渐接近理想输出。监督学习的代表算法是由罗森布拉特提出的 Delta 法则。

🅐Ⅰ 名人堂

沃尔特·皮茨

沃尔特·皮茨（1923—1969），美国认知心理学领域的逻辑学家、神经网络最早的提出者。

皮茨自学逻辑学和数学，并且会多种语言，包括古希腊语、拉丁语、梵文。15 岁时，他前往芝加哥大学旁听罗素的课程，在那里认识了医学生杰罗姆·莱特文（Jerome Lettvin）。罗素当时是芝加哥大学客座教授，他推荐皮茨到逻辑学家鲁道夫·卡尔纳普（Rudolf Carnap）那里学习。后来，沃伦·麦卡洛克也到了芝加哥大学，在 1942 年初邀请皮茨和莱特文和他住

在一起。皮茨熟悉莱布尼茨在计算方面的研究，他和麦卡洛克思考神经系统是否可以被看做一种通用计算设备，并由此合著了论文《神经活动内在想法的逻辑演算》。经过五年的非官方研究，皮茨获得了芝加哥大学文科副学士学位。

莱特文把皮茨描述为"冒无疑问的通才……你问他一个问题，会得到一整本教科书"。皮茨也被描述为一个怪人，因为他拒绝其名字被公开，拒绝麻省理工学院的所有高级学位或权威职位的提议（部分是因为他必须签名）。

1969 年 4 月 21 日，皮茨因酗酒引起的震颤住院，他写下了一封信，这封信从他的病房寄往在同一条街另一家医院心脏病重症监护病房里的麦卡洛克。信中写道："我知道你的心跳很微弱……你身上有很多连接到监视屏和警报器的传感器，你在床上翻个身都办不到。毫无疑问这是控制论的。但这一切都让我感到极度悲哀。"1969 年 5 月 14 日，沃尔特·皮茨在剑桥的寄宿之家孤独死去，死因是跟肝硬化有关的食道静脉曲张破裂出血。

🅰️ 名人堂

唐纳德·赫布

唐纳德·赫布（1904—1985），加拿大心理学家，在神经心理学领域具有重要影响力，被誉为神经心理学和神经网络之父。2002 年出版的《心理学总论》将他评为 20 世纪最受瞩目的第 19 位心理学家。

1934 年 7 月，赫布到芝加哥大学的卡尔·拉施里（Karl Lashley）门下学习。1935 年 9 月，赫布跟随拉施里到哈佛大学。在这里，他研究早期视觉剥夺对老鼠体型大小和亮度感知的影响，他分别在黑暗和光照条件下培育老鼠，比较它们的大脑。1936 年，他从哈佛大学得到了博士学位。

1937 年，他申请与蒙特利尔神经学研究所的怀尔德·潘菲尔德（Wilder Penfield）一起工作。在这里他研究脑外科手术和损伤对人类大脑功能的影响。他看到一个孩子的大脑的一部分被破坏后，仍可以恢复部分或全部功能，但成年人受到类似损害可能是更有害，甚至灾难性的。从这一点，他推断了外部刺激在成年人的思维过程中发挥着突出作用。

他还批评了用于脑手术患者的斯坦福-比奈测试和韦克斯勒测试。这些测试旨在测量整体智力，而赫布认为测试应设计为测量手术可能对患者造成的更严重的影响。他还与同事一起设计了成人理解测试和图像异常测试。使用图像异常测试，他发现了右颞叶参与视觉识别的第一个迹象。他还证明了去除额叶的大部分对智力几乎没有影响。事实上，在一位成年患者通过切除大部分额叶治疗癫痫的案例中，他记录了患者的智力在术后得到显著改善。从这些结果中，他开始相信额叶在生命的早期才有助于学习。

1939 年，为了验证额叶的作用随着年龄的变化而变化的理论，他和肯尼斯·威廉姆斯（Kenneth Williams）设计了一个被称为赫布-威廉姆斯迷宫的可变路径迷宫，用来测试在不同发育阶段失明的老鼠的智力，这种测试动物智力的方法之后被普遍沿用。迷宫测试证明了老鼠在幼体时的经历对其成年后解决问题的

能力有持久的影响，这成为发展心理学的重要理论之一。

人工神经网络

感知器的提出使人们乐观地认为几乎已经找到了实现人工智能的关键，许多部门都开始加大此项研究的投入力度，希望尽快占领制高点。然而受限于当时的理论水平、计算能力以及认知科学研究水平，感知器的热潮注定难以持续太长时间。1969 年感知器模型的研究遭遇重大挫折：明斯基等人证明感知器无法学习线性不可分，即"异或"分类问题，使得人们对感知器的看法陷入悲观，从此感知器研究的热潮逐渐冷却，进入了长达十年的反思期。

AI 小知识

分类问题

分类问题是机器学习非常重要的一个组成部分，它的目标是根据已知样本的某些特征，判断一个新的样本属于哪种已知的样本类。分类问题也被称为监督式学习，根据已知训练区提供的样本，通过计算选择特征参数，建立判别函数以对样本进行分类。

多层感知器学习等难题的解决，促成了 20 世纪 80 年代人工神经网络的飞速发展。首先，多层感知器学习算法的提出使得感知器无法解决的"异或"分类问题得到解决。1982 年，约翰·霍普菲尔德（John Hopfield）首次提出循环神经网络结构，并利用非线性动力学的方法来研究人工神经网络的特性，阐明了人工神经网络与动力学的联系。1984 年，霍普菲尔德设计研制了后来被人们称为霍普菲尔德网的神经网络，较好地解决了著名的旅行商问题，找到了最优解的近似解，引起了较大轰动。1985 年，杰弗里·辛顿等人在霍普菲尔德网中引入随机机制，提出所谓玻尔兹曼机。1986 年，大卫·鲁姆哈特（David Rumelhart）等研究者重新独立提出多层网络的学习算法——反向传播算法，较好地解决了多层网络的学习问题。在此需要说明的是，尽管早期神经网络的研究人员努力从生物学中得到启发，但从反向传播算法开始，研究者们更多地从数学上寻求问题的最优解，而不再盲目模拟生物神经网络。至此，人工神经网络的理论基础才被真正建立起来，并直接影响到当下火热的深度学习方法。

人工神经网络的结构

我们来正式定义人工神经网络。人工神经网络是对生物神经网络的模仿，赫克特尼尔森（Robert Hecht-Nielsen）认为人工神经网络是一个并行、分布处理结构，它由人工神经元及无向讯号通道互连而成。

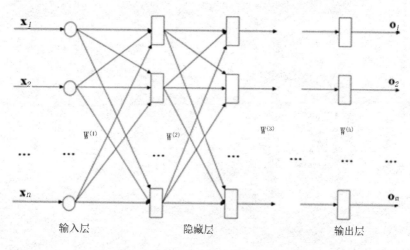

图 3-8 多层神经网络

人工神经网络具有明显的层次划分。人工神经网络的"层"由多个人工神经元组成，一般而言，人工神经网络中的信号只被允许从较低层流向较高层。典型的多层神经网络由输入层、隐藏层和输出层组成。其中输入层负责接收来自网络外部的信号输入；输出层是网络的最后一层，负责输

出网络的计算结果；除了输入层和输出层之外的其他各层被称为隐藏层。
"隐藏"的含义是指其具有不直接接收外界信号，也不直接向外界发送信
号的特点。隐藏层负责对输入信号进行变换和学习，也是人工神经网络强
大学习和表达能力的来源。由于每层神经元的状态只影响下一层神经元的
状态，从数学角度，可以将神经网络的第 i 层理解为接受多维输入 $X=$
$(x_1, x_2, \cdots, x_n)$ f_i 的函数，多层神经网络输入和输出之间的关系可用
复合函数表示：

$$0=f_h (\cdots f_2 (f_1 (X; W_1); W_2); \cdots; W_h),$$

其中 $0=(o_1, o_2, \cdots, o_m)$ 代表网络的输出，Wi 代表第 i 层网络中
的参数值。

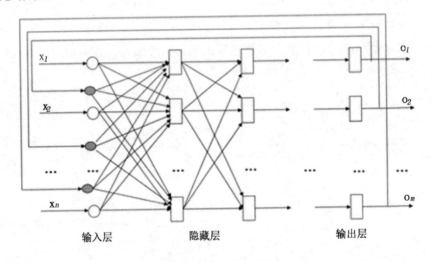

图 3-9　循环神经网络

除了多层神经网络之外，如果将输出信号反馈到输入端，就可以构成
一个循环神经网络。循环神经网络中，输入的原始信号经过反馈被逐步加
强和修复，模拟了生物神经网络的短期记忆特征——看到的东西不是一下
子就从脑海里消失的，这使得循环神经网络非常适合处理语音等序列
数据。

人工神经网络的特点

人工神经网络中，信息是分布式存储和表示的。每个人工神经元中保存的参数值被称为神经网络的长时记忆，因此信息被分布存放在几乎整个网络中。人工神经网络的学习过程也就是调整每个人工神经元中保存的参数值的过程。因此，当其中的某一个点或者某几个点被破坏时，信息仍然可以被存取。但也正是由于信息的分布存放，对人工神经网络来说，当它完成学习后，如果再让它学习新的数据，就可能会破坏原来已调整完毕的网络参数值。

人工神经网络的运算过程具有全局并行和局部操作性质。人工神经元的输出仅与其输入连接及其本身所保存的参数值有关，因此每个神经元的输入-输出映射具有局部性。鉴于人工神经网络具有明显的层次结构，信息在不同层级间流动时，可以将多个神经元进行并行计算而不相互影响。正是全局并行的性质，使得人工神经网络能高速并行地处理大量数据。

反向传播算法

1962 年，罗森布拉特给出了人工神经网络著名的学习定理：人工神经网络可以学会它可以表达的任何东西。同时当人工神经网络的隐藏层神经元个数足够多时，它被证明可以表达任意复杂的函数。随着反向传播算法的提出，人们掌握了较为实用的训练非循环多层神经网络的方法，并逐步应用到语音识别、图像识别、自动驾驶等多个领域。

鲁姆哈特等人于 1986 年阐述了反向传播算法。反向传播算法的学习过程由前向传播和反向传播两部分组成。

在前向传播过程中，输入 $X = (x_1, x_2, \cdots, x_n)$，从输入层经隐藏层逐层处理后，传至输出层。一般情况下，网络的输出 O 和理想输出 Y 之间存在偏差，通常用损失函数 $L(O, L)$ 来计算实际输出和理想输出之间的误差，网络的训练目标就是最小化损失函数。

反向传播阶段中，首先利用损失函数计算输出层和理想输出之间的误

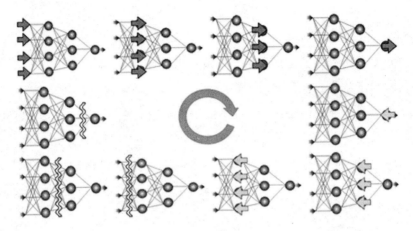

图 3-10　反向传播算法的迭代过程

差，并用此误差计算输出层的直接前导层的误差，再用输出层前导层误差估计更前一层的误差。如此重复获得所有其他各层的误差估计。由于人工神经网络各层相对独立，在误差向前传播的过程中，可以通过最小化每层的误差来修改每层的参数值，从而达到学习的目的。

反向传播算法反复执行前向和反向传播过程，不断更新网络的参数值，直到一定的迭代次数或者损失函数不再下降为止。

在反向传播算法中，通过最小化每层误差来更新参数值的方法在数学上被称为梯度下降法。此时，反向传播过程可以用复合函数求导的链式法则进行解释，有兴趣的读者可以自行查阅并推导相关公式。

人工神经网络与符号逻辑的比较

如果说模糊逻辑由符号主义方法在计算智能的基础上进一步发展而来，那么人工神经网络的发展则是联结主义试图从物理结构、计算方法、存储与操作以及训练方式上去模拟人脑智能行为的产物。人工神经网络所代表的方法和符号主义的专家系统有很多不同之处：

表 3-1　专家系统与人工神经网络的区别

项目	专家系统	人工神经网络
实现方式	串行处理；由程序实现控制	并行处理；对样本数据进行多目标学习；通过人工神经元之间的相互作用实现控制
开发方法	设计规则、框架、程序；用样本数据进行调试（由人根据已知的环境去构造一个模型）	定义人工神经网络的结构原型，通过样本数据，依据基本的学习算法完成学习——自动从样本数据中抽取内涵（自动适应环境）
适应领域	精确计算：符号处理，数值计算	非精确计算：模拟处理，感觉，大规模数据并行处理
模拟对象	左脑（逻辑思维）	右脑（形象思维）

在这里，我们详细解释一下形象思维和逻辑思维的问题。形象思维，主要是指人们在认识世界的过程中，对事物表象进行取舍时形成的、只用直观形象的表象来解决问题的思维方法。形象思维是在对形象信息传递的客观形象体系进行感受、储存的基础上，结合主观认识和情感进行识别，并用一定的形式、手段和工具创造和描述形象的一种基本的思维形式。而逻辑思维是指人们在认识事物的过程中借助于概念、判断、推理等思维形式能动地反映客观现实的理性认识过程，又称抽象思维。只有经过逻辑思维，人们对事物的认识才能达到把握具体对象本质规律的高度，进而认识客观世界。逻辑思维是人的认识的高级阶段，即理性认识阶段。

深度学习

尽管人工神经网络在 20 世纪 80 年代得到了飞跃式发展，但在当时的条件下，人工神经网络存在以下几个问题：训练人工神经网络所使用的反向传播算法非常费时，只有少部分研究所和公司具有相应的硬件水平；学习速率、隐藏层神经元数量等超参数调整非常费时费力；结果不够精确，没有足够的解释性和可信度；没有大量的数据支持神经网络的训练；等等。20 世纪 90 年代中后期，人工神经网络逐渐被其他更加高效的方法所取代。

直到 2006 年杰弗里·辛顿在《科学》杂志上发表论文，首次提出

"深度信念网络"的概念，对多层神经网络的训练方式做出了极大改进，即首先通过一个被称为"预训练"的过程对神经网络进行逐层学习，其次再通过反向传播算法对整个网络进行"微调"。此技术大幅减少了训练多层网络的时间，杰弗里·辛顿将多层神经网络相关的学习方法命名为"深度学习"。深度学习相比传统人工神经网络最大的特点是其网络层数更多，利用了卷积神经网络和循环神经网络等更为复杂的结构，参数量成倍增长，使模型的表示和学习能力进一步提升。目前深度神经网络已经成为人工智能领域的主流方法，其成果涉及图像、语音、自然语言处理等几乎所有人工智能领域。

一个事物的发展自然离不开其所处的历史环境和机遇，21世纪初半导体产业的飞速发展带来了计算能力的大幅度增长，互联网的普及则带来了数据量的激增。一方面人们产生了从海量复杂的数据中挖掘信息并利用相关规律的需求，而传统的人工智能学习手段又不具备如深度神经网络般强大的表示和学习能力；另一方面高性能图形处理器出现后，人们发现深度神经网络的分散存储和全局并行的性质极其适合用图形处理器进行加速，从而极大地缩短了神经网络的训练成本，使得深度神经网络得以广泛应用。

下表总结了人工神经网络发展的三个阶段：

表 3-2   人工神经网络发展的三个阶段

	感知器	人工神经网络	深度学习
时代	20世纪六七十年代	20世纪八九十年代	20世纪初至今
表示/学习能力	线性分类问题	无法解决异或问题	复杂函数
模型参数个数	1—10	1K—10K	1M—1B
训练数据量	10—100	100—10K	10K—100B
学习算法	感知器学习算法	反向传播算法	预训练＋微调
计算平台	晶体管	图形处理器	分布图形处理器平台
应用	几乎没有	语音识别、图像识别、自动驾驶等	几乎所有人工智能领域

三、进化计算与群体智能

行为主义学派是人工智能发展早期的另一大学派。行为主义认为，生物的智能行为是有机体用以适应环境变化的各种身体反应的组合，它的理论目标在于预见和控制。与符号主义与联结主义不同的是，行为主义将智能看做一个"黑盒"，认为人工智能是难以从功能或者生物结构的角度去模拟的，而可以通过模仿其输入和输出行为，实现人工智能系统。行为主义者不否认大脑存在思维、感觉等精神状态，他们只是在特定的科学背景下忽略这些事情，并将重心放在语言、行为等外部信号的建模上。

自然界中，生物群体的行为通常表现出自寻优、自适应、自组织和自学习的特性，受行为主义思想影响，学者们提出了进化计算和群体智能算法两类计算智能方法。前者模拟了生物种群在进化过程中的自然选择和自然遗传机制，后者则是对生物群体在协作和交互过程中涌现出的复杂智能行为进行建模。两者有时也被统称为元启发式算法。

进化计算

生物群体和自然生态系统可以通过自身的演化解决许多在人类看来极其复杂问题，这种能力让最好的计算机程序也相形见绌。计算机科学家为了某个算法可能要耗费数月甚至几年的努力，而生物体通过进化和自然选择这种非定向机制就达到了这个目的。进化计算就是基于这种思想发展起来的一类随机搜索技术，它是模拟由个体组成的群体的集体学习过程，进化算法从任一初始的群体出发，通过随机选择、变异和交叉过程，使群体进化到问题空间中越来越好的区域。选择过程使群体中适应性好的个体比适应性差的个体有更多的复制机会，重组算子将父辈信息结合在一起并将他们传到子代个体，变异在群体中引入新的变种。进化计算的主要方法包括遗传算法、进化策略和遗传编程。

遗传算法

遗传算法是进化计算中最重要的一个方法，它是模拟生物在自然环境中的遗传和进化过程而形成的一种自适应全局优化概率搜索算法。20 世纪 60 年代，美国密歇根大学的约翰·霍兰德（John Holland）教授及其学生在从事如何制造能学习的机器的研究中注意到，学习行为不仅可以通过单个生物体的适应发生，也能通过一个种群的多代进化适应发生。受达尔文进化论适者生存思想的启发，他逐渐认识到在机器学习研究中，为获得一个好的学习算法仅靠单个策略的建立和改进是不够的，还要依赖于一个包含许多候选策略的群体繁殖。考虑到其研究思想起源于遗传进化，霍兰德就将这个研究领域取名为"遗传算法"。20 世纪七八十年代，遗传算法在计算机上进行了大量纯数值函数优化计算实验，逐渐形成并完善了遗传算法的基本框架。

传统的优化算法往往直接利用决策变量的实际值进行优化计算，但遗传算法不是直接以决策变量值，而是以决策变量的某种形式的编码为运算对象。许多应用问题结构很复杂，但可以化为简单的二进制编码表示。遗传算法使用固定长度的二进制符号串来表示群体中的个体，有时也被称为染色体。我们将问题结构变换为二进制编码表示的过程叫编码，而将相反的过程称为解码。为了体现个体的适应能力，遗传算法引入了对问题中的每个个体都能进行度量的函数，称为适应度函数。遗传算法直接以需要优化的目标函数值作为适应度函数的自变量，按照与个体适应度成正比的概率来决定当前群体中每个个体遗传到下一代群体中的机会。

遗传算法使用遗传算子模拟群体的遗传操作。传统遗传算法主要包含选择、交叉和变异三种遗传算子，其具体概念如下：

选择算子：根据各个个体的适应度，按照一定的概率规则，从当前群体中选择出一些优良的个体遗传到下一代群体中。

交叉算子：将群体内的各个个体随机搭配成对，对每一个个体，以某个概率（称为交叉概率）交换它们之间的部分染色体。

变异算子：对群体中的每一个个体，以某一概率（称为变异概率）改变染色体上的基因值为其他的等位基因。

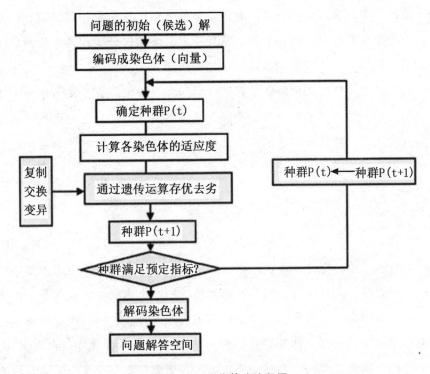

图 3 - 11　遗传算法流程图

遗传算法的基本流程如上图所示。对于特定目标函数优化问题，遗传算法首先描述出目标函数的类型及其数学描述形式或量化方法，同时确定目标函数空间和个体染色体之间的转化关系。随后，遗传算法会按照随机的方法初始化搜索群体，并计算个体的适应度值。接下来，选择、交叉和变异等遗传运算被应用在搜索群体上，获得新一代的群体。遗传算法对新群体反复执行以上步骤，直到搜索群体找到目标函数的最优值或者满足收敛条件。相比传统的优化算法，如牛顿法，遗传算法拥有以下优势：

第一，遗传算法直接以目标函数值作为搜索信息，而传统的优化算法往往不只需要目标函数值，还需要目标函数的导数等其他信息。这样对无法求导或很难求导的目标函数，遗传算法就更加容易对其进行求解。

第二，遗传算法属于一种自适应概率搜索技术，其选择、交叉、变异等运算都是以一种概率的方式来进行的，从而增加了其搜索过程的随机性和灵活性。实践和理论都已证明在一定条件下遗传算法总是以概率1收敛于问题的全局最优解。而传统算法从理论上就无法保证能找到复杂函数的全局最优值点，通常存在陷入局部极值的问题。

第三，遗传算法利用群体进行解空间的多点搜索，其中每个个体的操作是相对独立的，具有并行化的特点，其特性使其容易通过图形处理器进行并行加速，大幅提高算法的性能。而传统的优化算法往往从解空间的一个初始点开始搜索，无法进行并行加速。

群体智能算法

在自然界中，存在着许多生物群体系统通过协作与交互表现出复杂特性的自然现象，例如鸟群、蚁群、鱼群等。这些个体弱小、功能单一的生物为了获取更强的生存能力，通常以群居的形态存在。这些生物群体通过种群内部分工、交互、协作，在一些特定场景，如寻找食物、建立巢穴、任务分配、抵抗外部侵害和环境变化等，表现出了单个个体所不具备的强大能力，呈现群体智能。

群体智能是指一群功能简单的、具有信息处理能力、自组织能力的个体通过通信、交互、协作等手段所涌现出简单个体所不具备的复杂问题求解能力。通常，呈现群体智能的群体既可以是生物群体也可以是人工自组织结构。一般认为：一群鸟或者一个人工自组织系统组合在一起并不是群体智能行为，只有通过交互与协作表现出了群体行为特性的行为才能称为群体智能。

群体智能的明显特征是，在个体层面：个体结构简单，功能单一，能力有限；个体是同质的，没有中心控制节点，适于并行计算模型。在种群层面：种群具有可扩展性，即种群中的个体数目可变；种群内部具有协作性，个体之间存在相互协作机制；种群具有临近性，个体之间交互机制的作用范围有限；种群能够依据环境变化自动调整，具有自适应性，且某些个体出现故障不会影响到系统的正常工作，具有极高的稳定性与鲁棒性。

群体智能的概念最早由杰拉多·贝尼（Gerardo Beni）等在 1989 年进行元胞自动机理论研究时提出，并认为"群体智能"一词具有以下优势：一是概念贴切，二是能够表达出系统的冗余性、环境自适应性和稳定性等性质，三是能够体现出类似于大量的并行处理单元组成的系统。

蚁群算法

蚁群算法使群体智能领域的研究进入了一个重要发展阶段。1991 年，马可·多里戈（Marco Dorigo）等人依据蚁群觅食行为的建模而提出蚁群算法。在蚁群觅食过程中，蚂蚁个体依据外在环境中的信息素浓度，指导其自身进行路径选择，同时能够根据自身寻找食物的历史经验，更新路径上的信息素浓度。蚂蚁个体之间通过外部媒介（路径中信息素浓度）进行相互影响、间接交互，使得蚂蚁能够发现食物与巢穴之间的最短路径。

图 3-12 是蚁群算法中著名的"双桥实验"。一只蚂蚁在巢穴 N 外随机游走的过程中偶然发现了食物 F，但是因为食物块头太大，需要返回蚁群寻找同伴进行共同搬运。因为蚂蚁之间通过由自身分泌的特殊物质信息素进行交流。蚂蚁在爬行的沿途都会留下信息素，因此这只蚂蚁能沿着原路返回巢穴，并向蚁群报告。蚁群出动后，每只会按照环境中的信息素浓度作为指引，选择通往食物的道路。然而，信息素是一种易挥发的物质，随着时间的推移其浓度会下降，因此会有部分蚂蚁因为信息素浓度太低而找不到正确的方向，它们会随机开辟出其他通往食物的道路（图中2）。在搬运食物的过程中，信息素浓度和路径之间建立了一个有效的正反馈机制：如果某条路径越短，那么蚂蚁在此路径上往返所需时间就相应越短，路径上的信息素被更新的频率更高，导致路径上的信息素浓度更高。而同时，信息素浓度较高的路径有更大的概率被同伴所选择，使得更多的蚂蚁聚集到最短的路径上来。

蚁群算法的成功取决于两个方面：种群多样性和信息素更新的正反馈

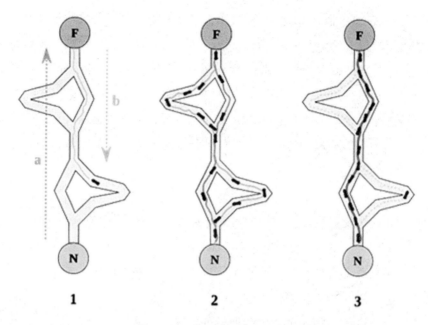

图 3-12　蚁群算法双桥实验

机制。蚂蚁种群以概率随机选择路径，使得种群能够保持多样性。而当蚂蚁寻找到合适的路径后，算法对于路径的信息素更新策略使得优良的解会被更大概率保留下来。蚁群算法的研究吸引了大量的科研工作者投入精力，其主要应用场景为组合优化问题，如任务调度问题、图着色问题和旅行商问题等。

粒子群算法

粒子群算法是社会心理学家詹姆斯·肯尼迪（James Kennedy）和电气工程师拉塞尔·埃伯哈特（Russell Eberhart）在 1995 年基于对鸟群觅食行为的建模而提出的。粒子群算法一经提出便在工业界得到了极为广泛的应用，主要被应用到连续空间的优化问题求解中。粒子群算法的出现将群体智能领域的研究推向了一个新的高度。

实际上，粒子群算法的机制是非常简单易懂的：为了能够更快地寻找到食物，鸟群通过个体之间的协作和信息共享达到目的。如图 3-13 所

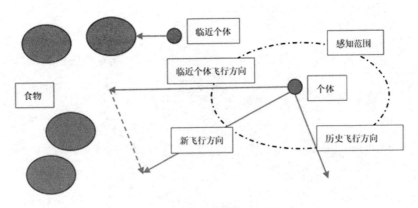

图 3-13 粒子群算法示意图

示，鸟对于食物的感知范围是有限的，每经过一段时间，它会更新搜索食物的飞行方向。通常某个个体在自己的感知范围内不能找到食物，但是总存在临近个体找到了环境中食物较为丰富的区域（如图中左侧区域）。于是个体会权衡自身历史以及相邻个体的飞行方向、速度等因素，调整新的搜索方向，慢慢转向食物丰富的区域。个体记忆自身历史信息的能力被称为个体学习能力，而感知临近个体飞行状态的能力被称为社会认知能力。粒子群算法在优化问题上的求解过程即可行解（鸟）朝向全局最优解（食物）移动和收敛的过程。

烟花算法

烟花算法是由谭营教授和他的学生朱元春博士提出的一种新型群体智能算法，其模拟烟花爆炸并照亮夜空的过程。在节日里，燃放烟花通常是一个重要的活动。大量的烟花被发射到夜空中爆炸形成一幅幅精美的图案。事实上，这一过程和优化问题求解时解的搜索过程十分相似。

烟花算法的目标是在可行范围内搜索到全局最优解，一组烟花被发射到"黑暗"的搜索空间内，通过爆炸操作产生爆炸火花对每个烟花所处的区域进行局部搜索。烟花的适应度值优劣作为烟花所处区域是否具有潜力的度量。适应度值较好的烟花获得更多的搜索资源（爆炸火花数目大），

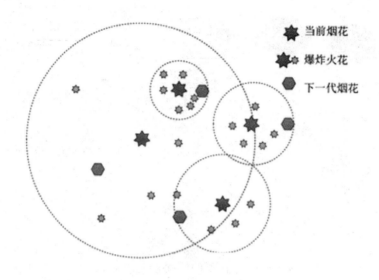

当前烟花

爆炸火花

下一代烟花

图 3-14　烟花算法示意图

在较小的爆炸半径内执行更加深入的局部搜索。而适应度值较差的烟花获得更少的资源（爆炸火花数目小），在较大的爆炸半径内执行解空间的全局搜索。相对于粒子群算法等典型群体智能算法，它展示了一种新型的爆炸式、差异化资源分配的协作式搜索机制。这种搜索机制使其在优化问题求解中展现了巨大的性能优势。

群体智能算法与进化计算

群体智能算法与进化计算的关系既非常密切，有许多相似之处，同时又有其本质的区别。相似之处是它们二者都是通过维护一个种群进行启发式计算。而不同之处则主要体现在它们二者的研究对象是不同的，即：群体智能算法主要是对群体中由于交互机制的存在使得群体涌现出个体不具有的问题求解能力这一过程进行建模，而进化计算主要是基于达尔文定律对生物进化过程的模拟。群体智能算法侧重于群体中个体间的协作，以共同完成任务；而进化计算则关注于群体中个体间的竞争，以获得胜出。

ⒶI 名人堂

莱斯利·瓦利安特

莱斯利·瓦利安特 (Leslie Valiant)，1949 年出生，英国计算机科学家和计算理论家，计算学习理论之父，2010 年图灵奖获得者。

瓦利安特在理论计算机科学方面的工作世界闻名，对复杂性理论作出许多贡献。他提出♯P 完整性的概念来解释为什么枚举和可靠性问题是棘手的。他还提出了机器学习的"可能近似正确"（PAC）模型，促进了计算学习理论以及全息算法概念的发展。他早期在自动机理论的工作中提出的用于上下文无关解析的算法，到 2010 年仍然是已知渐近最快的算法。他还从事计算神经科学方面的研究，专注于对记忆和学习的理解。

第四章

人工智能与机器学习

在谈论人工智能的时候，我们经常会听到机器学习、数据挖掘、模式识别等等这些听起来十分厉害的词。那么这些专业词汇与人工智能有什么关系呢？人工智能的发展与进步与这些技术的发展又有什么联系呢？本章将给大家介绍机器学习——当今人工智能发展的一个重要领域。本章主要从机器学习与人工智能的关系、常用的机器学习算法以及机器学习的典型应用这三个角度来论述机器学习这个迅猛发展的人工智能分支。

一、什么是机器学习

在人工智能领域比较普遍的一种观点认为，机器学习是人工智能研究领域中最能够体现智能的一个分支，比如人脸识别、语音聊天系统、情感分析等利用机器学习算法解决得非常好的问题，都赋予了计算机前所未有的"智能"。此外，从历史的角度看，机器学习也是人工智能领域发展最快的分支之一。机器学习方法与传统的基于人为设定规则的方法的显著不同在于它使得计算机具有了自组织、自适应、自学习的能力，能够利用自己学习到的能力有效地解决那些人为设定的规则里没有包含的状况。

那么什么是机器学习呢？

机器学习的定义

中从专业学术角度来说，机器学习研究的是如何使计算机能够模拟或实现人类的学习功能，从大量数据中发现规律、提取知识，并在实践中不断完善和增强自我。机器学习是机器能获取知识的根本途径，只有让计算机系统具有类似人的学习能力，才可能实现人工智能的终极目标。

通俗地讲，机器学习就是让机器（主要指计算机）能够像人一样具备从周围的事物中学习并利用学到的知识进行推理和联想的能力。比如在我们小的时候，父母会拿着各种卡片告诉我们，这个是猫，这个是狗，这个是小鸭子，等等。也许那时我们还什么都不懂，但是因为我们具备其他任何生物都无法比拟的智能，我们的大脑中会自动生成区别不同动物的方法，学习出每种动物所应该具备的特征。当我们再次见到一个新的动物时就会自动提取当前动物具备的特征，并与大脑记忆中的动物进行匹配，最终说出这个动物是什么。但是对于计算机而言，它的世界里只有 0 和 1 两个符号，世间的所有事物在它的"大脑"里都以 0 和 1 的不同组合而存在。如果我们想让计算机也像人一样，能正确区分出不同的动物，我们首先需要以某种形式表征每一种动物，这种表征形式称为"特征向量"，通常都是编码成一串计算机能够识别的数字串，然后告诉计算机具有这种形式的数字串的是猫，另一种数字串表示狗。因为世界上的猫和狗又各种各样，为了让计算机具备将它们都正确区分的能力，我们首先需要收集足够多的动物样本，以尽可能覆盖各种不同的品种；其次就是要选择利用合适的机器学习方法，使得计算机能够从现有的所有以不同特征向量表示的动物样本（在机器学习中称为"训练样本"）中，学习到每种动物的特征。如果能够学习到一种区分能力最强的分类标准（这个标准在机器学习里称为"分类器"，能够将没有在训练样本中出现过的动物也正确分类），我们就认为计算机具备了区分不同动物的能力，这个能力在机器学习中被称为"泛化能力"。所以机器学习就是一类能够让计算机从大量已知的以特征向量表示的训练样本中，学习得到一个泛化能力强的分类器的方法。通过这一类方法，我们能够让计算机具备一定程度上的识别能力，即某一种"智能"。

那么如何评价一个分类器的区分能力呢？这里我们就需要定义一个衡

量标准，在机器学习中，衡量的标准被称为"损失函数"。对于分类问题，损失函数通常都定义为机器学习得到的分类器对样本的分类结果与样本的真实类别的差异；对于回归问题，比如函数拟合等，损失函数定义为学习得到的分布与样本的真实分布之间的差别。一般情况下，为了便于计算，都是选择这些差异的均方差形式或者对数函数形式来表征学习到的分类器在整个训练样本上的损失。有了衡量标准，我们需要的做的是最小化这个损失函数值，使得分类器的分类能力足够强。但是在实践中，研究者发现，简单的最小化损失函数在训练样本上的值，容易造成分类器对没有见过的样本的分类正确率降低，这个问题在机器学习中被称为"过拟合"，也就是我们前面提到的分类器的泛化能力不够。

那为什么会出现这个情况呢？简单说来就是学过头了，分类器学到的区分标准太严苛了。同样以动物分类为例，假设我们的训练样本中所有的猫都是黑色的，如果分类器过拟合的话，很有可能会把毛色为黑作为猫的一种必备特征，这种情况下，当我们用这个分类器去区分毛色为白或者黄的猫时，肯定会将这些猫分类错误。从本质上讲，出现这种情况是因为我们使用的模型太复杂，考虑的因素太多。为了避免这种情况，提高分类器的泛化，我们需要限制分类器，使其在保证较高的分类正确率的前提下，形式尽可能简单，忽视那些没有必要考虑的因素，比如猫的毛色。所以，通常情况下，需要在损失函数里加上一个衡量分类器复杂度的标准，称为"惩罚项"。这个惩罚项通常由分类器参数的各种形式表征，当分类器形式太复杂时，使得损失函数的值也会比较大。通过最小化这样的损失函数，在降低分类器错误率的同时也能很好地将分类器的形式限制得比较简单，保证它的泛化能力。

说到这里，又出现一个问题，怎么最小化这个损失函数呢？

从数学的角度看，这就是一个求函数的最小值过程。不过所不同的是，这里函数形式或者说具体的函数是我们不知道的，我们只知道每个变量的值，要求解的是找到一组函数的参数，使得这个函数在给定的变量情况下，取得一个最小的函数值。一个非常直观的想法就是，我们需要遍历所有不同的参数组合，找到那个使损失函数值最小的组合，这样得到的结果肯定是最好的，但这样的做法耗时耗力，在实际应用中根本不可行。所以我们通常选择一些启发式的搜索方法或者基于梯度方向的搜索方法。启发式的方法包括一些智能算法，比如遗传算法、粒子群算法、烟花算法，等等。而基于梯度方向的算法顾名思义就是如同我们从高点下楼梯一样，一步一步从最高点走到最低点，需要注意的是前进的步幅不宜太大，以免直接跳过最优解。基于梯度的优化方法具有三种不同的形式，批量梯度下降法、随机梯度下降法和小批量梯度下降法。批量梯度下降法是梯度下降算法最原始的形式，它在每一次优化损失函数的时候都需要计算损失函数在所有样本上的值，然后计算梯度进行参数更新，这种方法从理论上能找到全局最优解，并且易于并行实现，但当训练样本比较多时，训练过程会非常缓慢。而随机梯度下降法就是为了解决样本较多时，批量梯度下降法训练缓慢的弊端提出的。它通过每个样本来迭代更新一次分类器参数，当面对非常大的数据量时，可能只需要使用其中的一部分样本就能找到损失函数的较优解。这种方法的优势在于训练速度快，但是以牺牲准确度为代价，通常找到的不是全局最优解，并且不易并行实现。小批量梯度下降法是这两种方法的一个折中，每次用训练样本中的一小部分来更新模型的参数，优化损失函数值，既保证较高的训练速度，也提高了解的质量。

机器学习的五大学派

华盛顿大学教授佩德罗·多明戈斯（Pedro Domingos）认为机器学习可以分为五大学派：以汤姆·米切尔（Tom M. Mitchell）、斯蒂芬·马格尔顿（Stephen Muggleton）等人为代表的符号主义学派，以杨乐昆、杰弗里·辛顿和约书亚·本希奥（Yoshua Bengio）为代表人物的联结主义学派，以劳伦斯·福格尔（Lawrence J. Fogel）、约翰·霍兰德以及霍德·利普森（Hod Lipson）为主要代表的进化主义学派，以大卫·赫克曼（David Heckerman）、朱迪亚·珀尔和迈克尔·乔丹（Michael I. Jordan）为代表的

贝叶斯学派，以弗拉基米尔·瓦普尼克（Vladimir Vapnik）为代表的行为类比主义学派。符号主义的原理主要是物理符号系统假设和有限合理性原理，其主要擅长逆演绎算法；联结主义的原理主要是神经网络以及神经网络间的联结机制与学习算法，主要代表是著名的反向传播算法；进化主义的原理主要是生物的进化机制和进化生物学，代表为基因编程；贝叶斯学派以统计学相关理论为基础，注重概率推理和概率分布学习；行为类比主义学派从心理学的角度来研究机器的学习能力，擅长基于核理论的相关算法，比如著名的支撑向量机算法。

机器学习解决的问题

前文中，我们以动物分类为例，介绍了机器学习的许多概念和机器学习解决问题的方法。概括来说，机器学习主要致力于回答和解决下面几个问题：

（1）什么样的学习算法能从特定的训练样本中学习到泛化能力强的分类器？如果训练样本的数量足够大，我们是否能够找到损失函数的最优解？那个算法在解决哪些问题时效果最好？

（2）我们一直强调训练样本不足会造成很严重的后果，那么多少训练数据是充足的？如何使学习得到的分类器能正确反映真实数据的真实分布，确保学习的高置信度？

（3）学习算法是怎样利用训练样本的先验知识，引导分类器从训练样本泛化到真实的未曾见过的数据的？如果先验知识仅仅是一种近似的，或者缺少这些先验，这些学习算法还能发挥它的作用吗？

（4）面对一个特定的问题，我们怎么设计分类器模型的形式，使得学习到的分类器既保证很高的准确性，又能保持很好的泛化性能？

（5）前面提到的机器学习赋予了计算机自组织、自适应、自学习的能力，计算机如何自动提高自己从数据中学习到有用信息并将其自适应地运用到自己构建的分类器中的能力？

　　总之，机器学习是要建立能够根据训练样本的经验，自我改进以提高解决问题的能力的计算机程序，且也已证明在许多领域是十分有效的。

　　机器学习算法在很多应用领域已经展现出其他方法无法比拟的优势，在某些领域甚至表现出了超越人类的能力。例如：

　　（1）数据挖掘问题：利用人工智能、机器学习、统计学和数据库的交叉方法在相对较大型的数据中挖掘出有价值的规则的计算模式。例如，曾经风靡一时的沃尔玛超市的啤酒和尿布的故事，以及从大量患者数据中分析出病因、症状、治疗手段，构建医疗专家系统，等等。

　　（2）模式识别问题：利用计算机对物理对象进行分类，在错误概率最小的条件下，使识别结果尽量与客观物体相符，例如从海量图像库中精准识别出某个人脸。

　　（3）精准推送问题：计算机程序必须自适应地应对所处环境的变化，比如面对不同的人浏览同一个网页，能够根据每一个人的浏览记录和行为习惯，准确推送符合这个人需求的广告，以帮助企业获利，等等。

　　机器学习是一个多学科交叉的研究领域，包括计算机应用技术、概率与统计、矩阵论、信息论、心理学、神经生物学、控制论、哲学，等等。一个完整的学习问题的定义需要界定明确的任务——比如分类或回归问题和相应的模型形式；需要性能评价指标——损失函数；需要训练经验的来源——训练数据。机器学习的过程就是一个对包含可能假设的空间进行搜索的过程，使得到的假设在满足先验知识和其他约束的前提下，与给定训练样本是最吻合的。

　　当然，因为这些年来机器学习的发展势头非常迅猛，许多学者认为它不再属于人工智能的一个分支，而是可以独立出来的一个学科。鉴于机器学习的现状和完整的框架结构，这种说法不无道理。但笔者认为，从最终目的来看，机器学习依旧是为了赋予机器人类思考和解决问题的能力。所以从广义的角度来说，机器学习依旧是人工智能领域起到决定性作用的一个分支。

　　下面，我将着重介绍几种经典的、常用的机器学习算法，包括传统的

机器学习算法（线性回归、决策树、支持向量机等）；近十年非常火爆的深度学习算法，如几种常见的深度网络模型——卷积神经网络、循环神经网络，等等；以及未来几年的研究重点——强化学习及其与深度学习结合的深度强化学习。

二、机器学习算法

机器学习算法的分类

（1）根据训练样本的具体情况分类

机器学习可以分为监督学习、无监督学习、半监督学习、强化学习四个不同的方向。所谓监督学习是指我们用来训练分类器的训练样本由样本的特征向量和类别标号构成，即我们不仅仅有猫、狗和其他动物的向量，还有这些向量对应的类别，哪些向量是猫，哪些是狗，哪些是其他的动物。常见的监督学习算法包括回归分析和统计分类，比如线性回归、决策树算法、神经网络，等等。但是给样本标注类别标签是一件非常耗费时间和人力的事情，通常代价都很昂贵，所以出现了另外两种方法：无监督学习和半监督学习。无监督学习就是训练样本只有特征向量，而不包括每个向量对应的类别，我们需要机器自组织学习样本之间的相似性，将他们正确区分开。聚类分析是一种典型的非监督学习方法，聚类是把相似的对象通过静态分类的方法分成不同的组别或者更多的子集，这样让在同一个子集中的成员对象都有相似的一些属性，常见的包括在坐标系中更短的空间距离等。常见的无监督聚类学习算法包括 k-均值聚类和模糊 k-均值聚类。而半监督学习介于监督学习和无监督学习之间，指在大量无类别标签的样本的帮助下，训练少量已有类别标签的样本，获得比仅仅利用这些很少的标注样本训练得到的分类器的分类能力更强的分类器，以弥补有类别标签的样本不足的缺点。

强化学习与上述三种机器学习分支有显著的不同，它面对的问题可以简单描述为：在某个环境中，存在各种不同的状态，机器可以采取几种不同的动作使得自己在几种不同状态之间以一定的概率切换，不同的状态转换对应不同的结果，这个结果用回报来衡量，我们需要利用强化学习找到一种策略，使得机器在面对不同的状态时采取合适的动作，使得获得的回报最大。举个简单的例子，瓜农在种西瓜的过程中有许多步骤，我们这里仅仅考虑西瓜已经种下，到了快结果的阶段，这时瓜苗有几种状态：健康、缺水、溢水、死亡，我们采取的动作有两种：浇水、不浇水。不同状态的回报：继续保持健康回报为 1、瓜苗缺水或溢水回报为 -1、瓜苗死亡回报为 -100。对于这个问题，强化学习需要解决的就是面对不同状态，学习到一系列策略动作，使得我们最终收获的回报最大，也就是尽可能保持瓜苗处于一个健康的状态。

（2）根据算法的功能分类

根据算法所解决问题的性质，机器学习算法可以分为回归算法和分类算法两种。回归算法是一种通过最小化预测值与真实值之间差距，而拟合出输入特征之间的最佳组合的一类算法，比如线性回归、多项式回归算法等，其解决的典型问题如图 4-1 所示，简单说来就是用一条线来拟合一些离散的点。分类算法是通过训练样本学习到每个类别的样本特征，利用这些特征构建分类线或分类面，将各种不同的样本分隔开，并且最小化错分样本数量的一类算法，比如决策树算法、自适应提升算法、支持向量机等，其解决的问题可以简单地用图 4-2 表示，图中的实线和虚线就是分类算法需要找到的分类线。

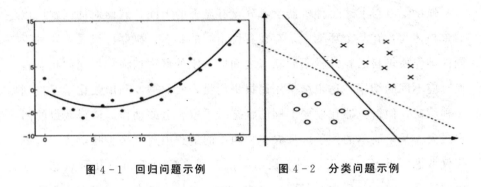

图 4 - 1　回归问题示例　　　　图 4 - 2　分类问题示例

传统机器学习算法

线性回归算法

从统计学的角度来看，线性回归是指利用最小二乘法建模因变量和一个或多个解释变量（或称为独立变量）之间对应关系的一种回归分析，这种方法通常会表示成一个或多个被称为回归系数模型参数的线性组合的函数形式，通常用于解决函数拟合问题。在线性回归中，使用线性预测器函数来建模关系，其未知的模型参数是从已知的训练数据中估计的。

线性回归是第一种回归分析，许多学者对它进行了广泛而严格的研究，并在实践中得到了广泛应用。这主要是因为线性回归形式简单、易于建模，但蕴含着机器学习中一些重要的基本思想，它比我们即将介绍的非线性回归模型更容易学习得到未知模型的拟合参数。

线性回归有很多实际用途，主要分为以下两大类：

（1）如果目标是函数值预测或者函数映射，线性回归可以用来对训练数据集中的自变量的值拟合出一个预测模型，当完成这样一个模型之后，对于一个新增的自变量，在没有给定的与它相配对的因变量的情况下，可以用这个拟合出来的函数预测出一个因变量值。

（2）给定一个因变量和一些自变量，这些变量有可能与因变量相关，线性回归分析可以用来量化因变量与自变量之间相关性的强度，评估出某些与自变量不相关的因变量，并识别出哪些自变量的子集包含了关于因变量的冗余信息。

线性回归模型经常用最小二乘逼近来拟合，但他们也可能用别的方法来拟合，比如用最小化"拟合缺陷"，在一些其他规范里（比如最小绝对误差回归），或者在回归中最小化最小二乘损失函数的惩罚。相反，最小二乘逼近可以用来拟合那些非线性的模型。因此，尽管"最小二乘法"和"线性模型"是紧密相连的，但他们是不能划等号的。

非线性回归算法

在利用线性回归解决数据拟合问题时，经常会遇到数据分布形式比较复杂的情况，简单的线性模型没办法很好地表示数据的真实分布。比如图4-1中利用非线性回归拟合到的曲线，对训练数据拟合得更好，当面对未曾出现过的自变量时，预测得到的因变量将更加符合数据的真实值。

线性回归和非线性回归最大的不同就在于要学习的模型形式不同。线性回归模型形式基本都如上文中的公式所示，而非线性回归的模型可以是各种各样的复杂形式，对数、指数、高次方程，等等。两者的学习方法都是最小化基于预测值与真实值的均方误差所构造的损失函数。

贝叶斯分类算法

贝叶斯分类算法的基础是一个被称为贝叶斯公式的概率公式，它描述的是人们利用一些先验知识，对某些事物发生的后验概率进行计算的数学方法。举例来说，假设给你一个袋子，里面装有 M 个红球，N 个白球，让你伸手进去随机摸出一个球，那么摸出一个红球的概率是多少呢？这个概率是很容易计算得到的。但是，如果问题是反向的，让你随机从袋子里有放回地摸球多次，通过观察每次取出的球的颜色，是否可以对袋子里两种球的数量或者数量比例做出正确的预测，这个问题在概率论中被称为逆概问题。

这个难题最早在托马斯·贝叶斯（Thomas Bayes）当年的论文中就有一个简单求解尝试。随着贝叶斯方法席卷概率论领域，并将应用延伸到各类问题之中，基本所有需要做概率预测的地方都或多或少地用到了贝叶斯方法，贝叶斯方法也成为机器学习领域的一大核心。我们知道现实世界是充满不确定性的，而我们人类对世间万物的观察能力是有限的，就比如我们只能观察到从袋子里取出的球的情况，却没办法直接观察到袋子里所有球的实际情况。这个时候，我们需要作一个假设，基于这个假设，计算观测情况出现的概率，进而得出这个假设是否靠谱的概率。

贝叶斯公式是怎么来的呢？下面举一个简单的例子来说明。一所学校里面有60％的男生，40％的女生。男生总是穿长裤，女生则一半穿长裤一半穿裙子。有了这些信息之后我们可以容易地计算"随机选取一个学生，他（她）穿长裤的概率和穿裙子的概率是多大"，这个被称为正向概率。然而，如果有一天，有人向你打听一个学生，他只知道这个学生穿长裤，你能够推断出这个学生是女生的概率是多大吗？其实这个问题与下面的问题等价：假设你在校园里闲逛，遇到了N个穿长裤的人（假设性别未知），那么这N个人里面有多少个女生多少个男生？

解决这个问题的一个直观想法就是，算出这个学校里所有穿长裤的，然后数出其中有多少个女生，就能得到任意一个穿长裤的学生是女生的概率了。

假设学校里面学生的总数是U个，男生（60％）都穿长裤，于是我们能知道穿长裤的男生的数量，剩下的女生（40％）里面又有一半（50％）是穿长裤的，于是我们又得到了穿长裤的女生的人数以及穿长裤的学生的总人数，这两者一比就是我们要的答案。

这个问题的求解过程就是贝叶斯分类算法的思想，利用现有的信息，计算出某些相关事件的先验概率，如男生或者女生穿长裤的概率，这些是经验。然后利用贝叶斯公式根据已有的经验计算得到需要的后验概率，即给定一个穿长裤的学生，他（她）是女生的概率。

决策树算法

在现实生活中，我们经常会遇到这样的问题：如果今天天气晴朗，并且场地情况允许，我就去操场踢足球；如果今天气温不高，不起风，并且有合适的钓点，我就去钓鱼；等等。这些只有在某些条件满足之后才会去进行的活动，蕴含的思想抽象出来就是决策树算法的构建过程：某项活动开展与否，取决于一系列前提条件，并且我们已经有了在这些条件下活动是否进行的训练数据，我们可以根据这些数据，按照是否满足某个特定的条件，逐步缩小活动是否开展所要考虑的条件范围，最终给出是否开展活动的确定性答案。决策树由一个决策图和可能的结果组成，用来创建达到目标的规划。决策树用来辅助决策，是一种特殊的树结构，如图 4-3 表示的是根据借款人的实际情况来确定其是否具备偿还能力的决策建立过程。决策树是一个预测模型，他代表的是对象属性与对象值之间的一种映射关系。树中每个节点表示某个对象，每个分叉路径则代表某个可能的属性值，而每个叶结点则对应从根节点到该叶节点所经历的路径所表示的对象的值。决策树仅有单一输出，若欲复数输出，可以建立独立的决策树以处理不同输出。数据挖掘中决策树是一种经常要用到的技术，可以用于分析数据，同样也可以用来做预测。

决策树的构建过程是一个自顶向下的贪心递归过程，我们每次都是找符合当前条件的所有样本最具分类能力的特性对当前所有样本进行分类。如图 4-3 所示，开始我们面对的是表 4-1 所列的整个训练样本，整个训练数据中，所有拥有房产的人都具备偿还能力，所以我们首先选择是否拥有房产这一条件来区分整个样本：拥有房产的直接做出他们可以偿还借款的决策，而没有房产的就需要再考虑其他条件是否满足。然后对于所有没有房产的样本，我们还有是否结婚和月收入两个条件可以考虑，通过某种衡量方法，我们发现是否结婚这个条件更具分类能力，那我们就以是否满足这个条件对当前所有没有房产的样本进行分类，对所有已经结婚都做出具备还款能力的决策，对剩下的没有结婚的我们再根据他们的月收入进行

决策。根据表 4-1 中的训练样本，只要月收入大于 4000 元，就具备还款能力，这时候就可以选择月收入是否大于 4000 元作为当前样本的分类指标进行决策。

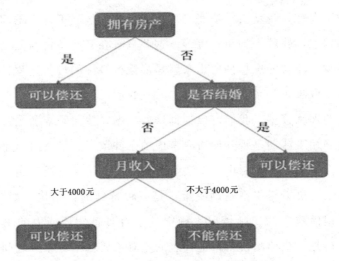

图 4-3　判定一个人是否具备还款能力的决策树

上文提到要选择对当前样本分类能力最强的条件或者属性作为当前决策条件，那么我们如何从当前剩余的所有条件或属性中选出那个分类能力最强的特征属性呢？目前采取的衡量标准基本都基于信息论中的信息熵理论，对熵的不同衡量可以得到几种不同的决策树算法：基于信息增益的 ID3 算法、基于增益率的 C4.5 算法以及基于基尼指数的 CART 决策树，其中 C4.5 是这三种里应用最频繁的决策树算法。

表 4-1　是否能够偿还借款与样本本身条件信息表

ID	是否拥有房产	是否结婚	月收入＞4000 元	能否还款
1	是	否	否	能
2	否	否	否	否
3	是	否	是	能
4	否	是	是	能

续表

5	否	是	否	能
6	否	否	是	能
7	是	否	是	能
8	否	否	是	能

决策树算法的一个比较明显的缺陷是容易陷入过拟合，因为在构建决策树的过程中，为了尽可能正确分类训练样本，结点划分过程将不断重复，导致树中出现过多的冗余分支，造成分类器学到的分类条件过于苛刻，在未知样本上的表现将大打折扣。为了避免这种情况发生，我们需要主动去掉一些多余的分支，这个过程被称为"剪枝"，包括预剪枝——及早停止树增长，后修建——剪掉树中那些含样本数非常少的结点，去除特例样本带来的冗余信息。

Ⓐ 名人堂

李奥·布瑞曼

李奥·布瑞曼（Leo Breiman，1928—2005），20世纪伟大的统计学家。

布瑞曼本科考进了加州理工学院物理系，毕业后进入哥伦比亚大学数学系读硕士，之后到加州大学伯克利分校读数学博士。博士毕业后，布瑞曼服了一年兵役，之后在伯克利找到了一个临时工作。后来布瑞曼证明了一个以香农、麦克米伦和他自己的名字命名的定

理，也就是现在的 Shannon-McMillan-Breiman（SMB）定理。1948 年香农发表他的信息论开山之作后几十年，信息论在很多领域都有应用，这也是布瑞曼关注 SMB 定理的原因。

1960 年布瑞曼去了加州大学洛杉矶分校，当了七年教授，并成为终身教授。在那里他主要教概率论，后来又因为厌倦概率论主动辞职。因为他之前跟兰德公司旗下的 SDC 公司合作过关于交通数据的研究，里面的顾问员就介绍他去了 TSC 顾问公司。在这里他干了十几年，帮政府研究大气污染、犯罪预防等，接触了很多需要对数据分类和预测的任务。也正是这段时间的积累，他对统计的实际价值有了比较深刻的认识，分类回归树算法就是那之后发明的。

在业界做了 13 年咨询后布瑞曼回到伯克利，主要研究统计学，并为伯克利开创了计算统计系。他在 20 世纪末公开宣称，统计学界把统计搞成了抽象数学，这偏离了初衷，统计学本该是关于预测、解释和处理数据的学问。他自称与机器学习走得更近，因为这项工作是在处理有挑战的数据问题。实际上，布瑞曼是一位卓越的机器学习专家，他不仅是 CART 决策树的创作者，还对集成学习有三大贡献：分袋法、随机森林以及关于提升方法的理论探讨。有趣的是，这些都是他在 1993 年从加州大学伯克利分校统计系退休后完成的。

支持向量机

正常情况下，我们根据训练样本所构建的分类线或者分类面只要能将训练样本分开即可，并没有对分类线（面）的位置做出任何要求，如图 4-2 中实线和虚线两种分类线都满足对训练样本损失函数最小的要求，都能将两类样本正确区分开。那么是否有一种机器学习算法不仅仅考虑将训练样本正确区分开，而且考虑分类线（面）的位置，使得它能将各类样本尽可能分隔得足够远？答案是肯定的，那就是支持向量机算法，这个算法在神经网络算法再次兴起之前被称为最好的离线学习算法，广泛应用于统计分类以及回归分析中。

如图4-4所示，对于图中圆形和方形两种样本的分类问题，图中的a、b、c三条分类线都可以将它们准确区分开，但是支持向量机学习得到的分类线为图中的线段c，它距离两类样本都最远。这种找距离两类样本都最远的分类线的想法源于一个非常直观的事实——类内样本相似度高，类间样本相似度低，表现在分布图上就是同一个类别的样本距离比较近，容易聚成一个簇，而不同类别之间的样本距离较远，每一类容易形成间隔明显的团簇，如果能找到距离每一类样本都最远的分类线（面），那么能显著提高分类器的泛化能力，面对没出现过的样本的分类准确性就更高。图中没有标号的两条线穿过样本被称为支持向量，它们距离c分类线最近，并且两边距离相等，c分类线就像是由它们支持起来一样，这就是支持向量机算法名字的由来。

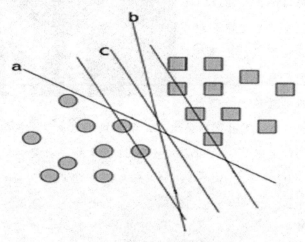

图4-4 支持向量机分类线示意图

支持向量机还有一个显著的优势在于可以很好地应对线性不可分问题，即，许多在低维空间表示不可分的样本，通过投影到更高维的空间就可以变成线性可分的了。支持向量机是通过核函数映射完成这种操作的，且由于其特殊的运算设计是不会增加额外的时空复杂度的。

在深度神经网络兴起之前，支持向量机算法因为理论完善、模型思想直观、泛化能力强，在各个领域被广泛应用，包括文本分类、图像识别、手写字体识别等。

AI 名人堂

弗拉基米尔·瓦普尼克

弗拉基米尔·瓦普尼克，1936 年出生于苏联，是 Vapnik-Chervonenkis 统计学习理论的主要开发者之一，并且是支持向量机的共同发明者。

1990 年年底，瓦普尼克移居美国，加入 AT&T 贝尔实验室的自适应系统研究部。在那里，瓦普尼克和他的同事们开发了支持向量机的理论。他们演示了其在机器学习社区感兴趣的许多问题上的表现，包括手写识别。该团队后来成为 AT&T 实验室的图像处理研究部门。瓦普尼克于 2002 年离开 AT&T，加入普林斯顿的 NEC 实验室，在机器学习小组工作。他还从 1995 年起在伦敦大学皇家霍洛威分校担任计算机科学与统计教授，并从 2003 年起担任纽约哥伦比亚大学计算机科学教授。

2014 年 11 月 25 日，瓦普尼克加入 Facebook 人工智能研究组，在那里他与他的长期合作者杰森·威士顿（Jason Weston）、罗南·科洛贝尔（Ronan Collobert）和杨立昆一起工作。

近邻算法与聚类算法

在机器学习中，不同样本类内相似度高、类间相似度低这个事实被应用得最直接的有两类算法：K-近邻算法和K-均值算法。这两类算法最大的区别在于前者是监督学习算法，后者是非监督学习算法。它们之间的共同点在于都是基于样本之间的距离进行分类。

（1）K-近邻算法

K-近邻算法是一种最基本的基于实例的学习算法，这个算法假设所有的样本实例都对应于n维空间中的点，n的大小由样本的特征维数确定。实例之间的距离是根据标准的欧式距离定义的，算法在对未知样本进行分类时，需要先计算它与所有一致类别标签的样本的欧式距离，然后找出与它距离最近的K个样本，这K个样本中哪个类别样本数最多，就将这个未知的样本分类为对应的类别。需要注意的是，K通常取不能被类别数整除的值。一种特殊的情况下，K＝1时，这个算法退化为一个常用的形式——最近邻算法，每次都只找距离未知样本最近的那个实例来确定它的类别标签。图4-5是一个两分类问题的3-近邻算法执行示意图。

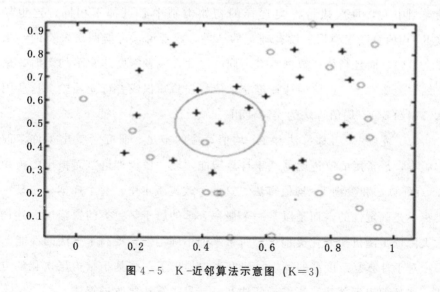

图4-5　K-近邻算法示意图（K＝3）

那么实际中这个 K 值怎么选取呢？一般情况下，在分类时选择较大的 K 值能够减小噪声的影响，但会使类别之间的界限变得模糊，一个较好的 K 值可以通过各种启发式的方法来获取。K-近邻算法最大的弊端在于，每次都要计算未知样本和所有已知类别标签的样本的距离，当数据量比较大时，这个算法的时间损耗相当大。

（2）K-均值算法

K-均值算法是一种基于距离的聚类算法，它属于一种典型的非监督机器学习算法。K-均值算法用类别中心到属于该类别的样本的距离这个度量来实现聚类。算法在执行过程中需要人为指定样本类别数 K，并从所有样本中随机指定 K 个类别中心，并规定算法执行停止条件，比如前后两次类别中心点的改变量小于某个量。根据当前的类别中心点，计算每个非中心点到 K 个类别中心点的欧式距离，并将该点指派给距离最近的类别中心点对应的类别。根据新的聚类结果，重新计算类别中心点，计算方法可以简单定义为对当前同一类别内的所有样本点取平均，重复这个步骤直至满足停止条件。

K-均值算法框架清晰、简单，容易理解和实现，但由于随机选择初始类别中心，每次执行聚类选择的初始类别中心点都不相同，这也导致 K-均值算法聚类后，没有确定的结果，或者说，可能两次聚类的结果完全不同。而且当待聚数据具有不同的尺寸，或者密度非常不均匀时，聚类结果会非常差，K 值的选择也非常依赖先验知识或者行业经验。这些因素都制约着 K-均值算法的实际使用。

为了克服 K-近邻算法和 K-均值算法的不足，研究者提出了许多改进版本，最常用的改进就是基于计算智能领域"模糊理论"而提出的模糊 K-近邻算法和模糊 K-均值算法。这两个改进版本中，每个样本属于某一类都不是确定性的，而是以某一个概率表示的属于某一类的置信度。这样大大降低了随机初始化类别中心所带来的不确定性，提高了算法的性能。

对于计算复杂度高的弊端，研究者也提出了一些基于结构层次化的方法，包括剪辑近邻法、压缩近邻法和分层聚类算法等改进算法。

深度学习算法

神经网络是计算智能和机器学习的重要分支，在诸多领域都取得了很大的成功，它是模拟人脑神经元的连接、接收外部信号并做出相应响应而人为定义的一种网络拓扑结构，它是一种模仿生物神经网络的计算模型，用于函数估计或拟合。神经网络由大量的人工神经元连接进行计算，大多数情况下人工神经网络能在外界信息的基础上改变内部结构，是一种自适应系统。传统神经网络的基本理论和概念在本书前面章节有相关介绍，这里将主要介绍最近风靡全球、研究最为火热的深度神经网络，它是深度学习理论中最为重要的部分。

我们知道人工神经网络是一层一层的人工神经元节点构成的网络拓扑结构，所谓深度神经网络指的就是网络的拓扑结构上节点层数比较多。受限于训练算法的制约，传统的神经网络层次如果比较深，权值将会难以训练，导致网络的性能比较差。在 2006 年杰弗里·辛顿提出了一种逐层训练的方法之后，人工神经网络再一次焕发生机。这种方法很好地解决了传统训练算法中梯度消散的弊端，使得网络层数加深成为可能。

传统机器学习技术在处理原始输入的自然数据方面能力有限。几十年来，建构模式识别或机器学习系统需要利用严谨的工程学和相当丰富的专业知识设计出一个特征提取器，它能将原始数据（例如图像像素值）转化成适于内部描述或表征的向量，在提取器中，学习子系统（通常是一个分类器）可以检测或分类输入模式。表示学习指输入原始数据后，机器能够自动发现检测或分类所需的表征信息的一种学习过程。深度学习是一种多层描述的表示学习，通过组合简单、非线性模块来实现，每个模块都会将最简单的描述（从原始输入开始）转变成较高层、较为抽象的描述。通过积累足够多的上述表示转化，机器能学习非常复杂的函数。就分类任务来说，更高层的表征会放大输入信号的特征，而这对区分和控制不相关变量非常关键。比如，图片最初以像素值的方式出现，在第一特征层级中，机

器学到的特征主要是图像中特定方位、位置边缘的信息；在第二特征层级中，机器主要是通过发现特定边缘的组合来检测图案，此时机器并不考虑边缘位置的微小变化；在第三特征层级中，机器会将局部图像与物体相应部分匹配；后续的层级将会把这些局部组合起来从而识别出整个物体。

深度学习的关键在于：这些不同层次的特征表示并非出自人类工程师之手，而是机器通过一个通用学习程序，从大量数据中自学得出的。

某些根深蒂固的问题困扰了人工智能从业者许多年，以至于人们最出色的尝试都无功而返。而深度学习的出现，向问题的解决迈出了至关重要的一步。深度学习善于在高维度的数据中摸索出错综复杂的结构，因此能应用在许多不同的领域，比如科学、商业和政务。此外，除了图像识别和语音识别，它还在许多方面击败了其他机器学习技术，比如预测潜在药物分子的活性、分析粒子加速器的数据、重构大脑回路、预测非编码 DNA 的突变对基因表达和疾病有何影响，等等。也许，最让人惊讶的是，在自然语言理解方面，特别是话题分类、情感分析、问答系统和语言翻译等不同任务上，深度学习都展现出无限光明的前景。在不久的将来，我们认为深度学习将取得更多成就，因为它只需要极少的人工参与，所以它能轻而易举地从计算能力提升和数据量增长中获益。目前正在开发的用于深层神经网络的新型学习算法和体系结构必将加速这一进程。

下面为大家简要介绍目前深度学习领域最常用的两种网络结构：卷积神经网络和循环神经网络。

卷积神经网络

卷积神经网络最初是用来处理多维数组数据的，比如一张由 3 个二维数组组成、包含 3 个彩色通道像素强度的彩色图像。大量的数据都是多维数组形式的：一维用来表示信号和序列信号，包括人类语言；二维用来表示图片或声音；三维代表视频或有声音的图像。卷积神经网络利用自然信号特征的核心理念是局部连接、权值共享、池化和多网络层的使用。下面将详细介绍这几种概念。

典型的卷积神经网络的架构包括一系列阶段：最初的几个阶段由卷积层和池化层组成，卷积层的单元被组织到特征图中，每个单元通过一组被称作滤波器的权值连接到前一层的特征图的局部数据块；接下来，得到的局部加权和会传递至一个非线性函数进行变换计算激励值。同一个特征图中的所有单元共享相同的滤波器，不同特征图使用不同滤波器。采用这种架构有两方面的原因：首先，在诸如图像这样的数组数据中，数值与其附近数值之间通常是高度相关的，容易生成易被探测到的局部特征；其次，图像和其他类似信号的局部统计特征通常又与位置无关，换句话说，出现在某处的某个特征也可能出现在其他任何地方，因此，不同位置的单元会共享同样的权值，可以探测到相同特征。在数学上，这种由一个特征图执行的过滤操作被称为离线的卷积运算，卷积神经网络由此得名。

和卷积层用来探测前一层中特征之间的局部连接不同，池化层的作用则是对语义相似的特征进行合并。由于构成局部主题的特征之间的相对位置关系不是一成不变的，可以通过粗粒度检测每个特征的位置来实现比较可靠的主题识别。一个池化层单元通常会计算一个或几个特征图中一个局部块的最大值，相邻的池化单元则会移动一列或一行从小块读取输入。这种设计不仅减少了数据表征需要的维数，而且也能保证对数据的平移不变性。两三个这样的卷积，非线性变换和池化相叠加，后面再加上更多的卷积和全连接层。在卷积神经网络的反向传播算法和在一般深度网络上一样简单，能让所有滤波器中的权值得到训练。

多数自然信号都是分级组合而成的，通过对较低层信号组合能够获得较高层的信号特征，而深度神经网络充分利用了上述特性。在图像中，局部轮廓边缘组合形成基本图案，基本图案形成物体的局部，局部物体再组成物体。类似的层次结构也存在于语音数据以及文本数据中，音素组成音节，音节组成单词，单词组成句子。当输入数据在前一层中的位置有变化的时候，池化操作让这些特征表示对这种变化更具有鲁棒性。

卷积神经网络中的卷积和池化的灵感直接来源于视觉神经科学中的简单细胞和复杂细胞的经典概念，并且其整体架构让人联想起视觉皮层腹侧

通路的层次结构。

早在 20 世纪 90 年代初，卷积网络就已有非常广泛的应用，最开始被用在语音识别和文档阅读上，被称为延时神经网络。文本阅读系统使用了受过训练的延时神经网络以及一个实现了语言约束的概率模型。到 20 世纪 90 年代末，该系统能够读取美国超过十分之一的支票。随后，微软发明了许多基于卷积神经网络的光学字符识别和手写识别系统。卷积神经网络在 20 世纪 90 年代初就被尝试用于包括手、面部识别在内的自然图像目标检测中。到了 21 世纪，卷积神经网络就被大量用于检测、分割、物体识别等领域。这些应用都使用了大量有标签的数据，比如交通信号识别、生物信息分割、面部探测、文本识别、行人以及自然图形中的人的身体部分的探测。近年来，卷积神经网络的一个重大成功应用是人脸识别。

值得一提的是，图像可以在像素级别打标签，这样就可以应用在比如自动电话接听机器人、自动驾驶汽车等技术中。像 Mobileye 以及英伟达公司正在把基于卷积神经网络的方法用于汽车中的视觉系统。其他的应用涉及自然语言的理解以及语音识别。

循环神经网络

最初引入反向传播时，最令人激动的应用便是循环神经网络，也被称为递归神经网络。对于那些需要序列连续输入的任务，比如语音和语言，循环神经网络是最佳选择。它一次处理一个输入序列元素，同时维护的隐层单元中隐含着该序列过去所有元素的历史信息。

因先进的架构和训练方式，循环神经网络不仅被证实擅长预测文本中下一个字符或句子中下一个单词，还可应用于更加复杂的任务。例如，当读到英文句子中的单词后，一个英语编码器网络将被生成，从而帮助隐层单元的最终状态向量很好地表征句子所传达的思想。这种思想向量可以作为一个集大成的法语编码器网络的初始化隐式状态（或额外的输入），其输出为法语翻译首个单词的概率分布。如果从概率分布中选择一个特定首单词作为编码网络的输入，将会输出翻译句子中第二个单词的概率分布，依此类推，直到停止选择。总体而言，这一过程是根据英语句子的概率分布而生成的法语单词序列。这种近乎直接的机器翻译方法的表现很快和最先进的方法不相上下，同时引发人们对于理解句子是否需要使用推理发掘内部符号表示怀疑。这与日常推理涉及的根据合理结论类推的观点是匹配的。

除了将法语句子翻译成英语句子，循环神经网络还可以学习将图片内容翻译为英语句子。编码器是一种在最后隐层将像素转换为活动向量的深度卷积网络。解码器是一种类似机器翻译和神经网络语言模型的循环神经网络。如果将循环神经网络按每一个时间点展开，可被视为所有层共享同样权值的深度前馈神经网络。虽然它们的主要目的是长期学习的依赖性，但有关理论和经验的例证表明其很难学习并长期储存信息。

为了解决这一问题，一个扩展网络存储的想法出现了。第一种方案采用了特殊隐层单元的长短期记忆网络，能够长期保存输入信息。该方案采用了一种类似累加器和门控神经元的被称作记忆细胞的特殊单元，它通过复制自身状态的真实值和累积外部信号，来接收新的输入和记住历史信息。

长短期记忆网络最终被证明比传统的循环神经网络更为有效，尤其是每一个时间步长内有若干层时，整个语音识别系统能够完全一致地将声学转录为字符序列。目前，长短期记忆网络及其相关形式的门控单元**同样**也用于编码与解码网络，并在机器翻译中表现良好。

过去几年里，几位学者提出一些不同的方案来增强循环神经网络的记忆模块。这些建议包括神经图灵机——通过加入循环神经网络的可读可写的"类似磁带"的存储来增强网络，而记忆网络中的常规网络通过联想记忆来增强。记忆网络在标准的问答基准测试中表现良好，能够记住稍后要求回答问题的事例。

深度神经网络中还有许多其他的网络结构，包括对抗神经网络、自编码机、玻尔兹曼机，等等。这些网络都采取常规的前馈神经网络结构，在各个领域也有许多的应用，特别是对抗神经网络，在近两年的生成模型中

被广泛使用，但这些结构要么就是传统的前馈神经网络形式，要么就是卷积神经网络和循环神经网络的变种和组合。总之，随着计算机计算能力的提高，图形处理器并行计算的大规模使用，深度神经网络将在各个领域展现它超凡的能力。

AI 小知识

生成模型与判别模型

生成模型是指能够随机生成观测数据的模型，它给观测值和标注数据序列指定一个联合概率分布（指两个及以上随机变量的概率分布）。在机器学习中，生成模型可以用来直接对数据建模。

判别模型是一种对未观测数据 y 与已观测数据 x 之间关系进行建模的方法。与生成模型不同，判别模型不考虑 x 与 y 间的联合概率分布。但对于诸如分类和回归问题，由于不考虑联合概率分布，采用判别模型可以取得更好的效果。

AI 名人堂

杰弗里·辛顿

杰弗里·辛顿，1947年出生，认知心理学家和计算机科学家，伦敦大学学院盖茨比计算神经科学组的创始主任，目前是多伦多大学计算机科学系教授、加拿大机器学习研究领域主席、加拿大高级研究所资助的"神经计算和

自适应感知"计划主任。2012 年，辛顿在教育平台 Coursera 上教授关于神经网络的免费在线课程。辛顿于 2013 年 3 月加入谷歌公司。

辛顿研究了使用神经网络进行学习、记忆、感知和符号处理的方法，是首批使用广义反向传播算法来训练多层神经网络的研究人员之一。他与神经科学家特里·谢诺沃斯基（Terry Sejnowski）共同发明了玻尔兹曼机。他对神经网络研究的其他贡献包括分布式表示、延时神经网络、混合专家系统等。

强化学习

强化学习，也被称为增强学习，是多学科交叉的一个产物。它的本质是解决"决策制定"问题，即学会根据自身所处环境自动做出相应决策。这在计算机科学领域就体现为一种机器学习算法；而在控制论领域体现在决定一系列动作来得到最好的结果；在神经科学领域表现为人脑如何做出决策，主要研究的是回报系统；在经济学领域体现在博弈论的研究中。所有的问题最终都归结为人为什么能够在不同环境中适时做出最优决策？

强化学习是一个序列决策制定问题，它需要连续选择一些动作，从而使得机器在执行这些动作之后获得最大的收益、最好的结果。它在对所处的环境没有任何的先验知识的条件下，通过先尝试一些动作，得到一个回报或结果，并根据这个回报的多少或者结果的好坏来判断这个动作是对还是错，然后根据这个反馈来调整之前的动作。通过不断的试错调整，算法能够学习到在什么样的情况下选择什么样的行为可以得到最好的回报或者结果。

强化学习与前文中所述的监督学习算法有着不少区别。首先监督学习中训练样本是对应着类标的，这个类标告诉算法什么样的输入应该对应着什么样的输出。而强化学习并没有这种类标告诉它在某种情况下应该做出什么样的动作，只有一个做出一系列动作后最终反馈回来的回报信号，这

个回报信号能判断当前选择的行为是好是坏。其次强化学习的结果反馈有延时，有时候可能需要走了很多步后才知道以前的某一步的选择是好还是坏，而监督学习做了比较坏的选择后会立刻反馈给算法。强化学习面对的输入总是在变化，输入不像监督学习是独立同分布的，每当算法做出一个行为，它就会影响下一次决策的输入。

但是，从某种意义上来说，回报信号也可以看作一种类别信号，所以对比非监督学习，强化学习可以看作一种具有"延迟弱标记信息"的监督学习。

基本强化学习包括四个主要元素：环境状态集合 S、动作集合 A、状态之间的转换规则 P、特定动作导致的状态转移之后带来的回报 R。强化学习是一种试错的学习方式，一开始不清楚环境的工作方式，不清楚执行什么样的行为是对的，什么样的行为是错的。因而个体需要从不断尝试的经验中发现一个好的策略，从而在这个过程中获取更多的回报或者结果。在这样的学习过程中，就会有一个在探索和利用之间的权衡。"探索"是说会放弃一些已知的回报信息，而去尝试一些新的选择，即在某种状态下，算法也许已经学习到选择什么动作会让回报比较大，但并不会每次都做出同样的选择，也许另外一个没有尝试过的选择会让回报更大，即希望能够探索更多关于环境的信息。而"利用"是指根据已知的信息使回报最大化，充分利用现有的对于环境的认识。例如，在选择一个餐馆时，"利用"会选择你最喜欢的餐馆，而"探索"会尝试选择一个新的餐馆。

无监督学习使人们重燃对深度学习的兴趣，但是，监督学习的成功盖过了无监督学习。然而从长远来看，我们还是期望无监督学习能够变得更加重要，因为人类和动物的学习方式大多为无监督学习：我们通过观察世界来发现它的结果，而不是被告知每个对象的名称。

我们希望机器视觉能够在未来获得巨大进步，这些进步来自于那些端对端的训练系统，并集合卷积神经网络和循环神经网络，利用强化学习来决定走向。结合了深度学习和强化学习的系统尚处在婴儿期，但是在分类任务上，它们已经超越了被动视觉系统，并在尝试学习操作视频游戏方面，产生了令人印象深刻的结果。

　　未来几年，理解自然语言会是深度学习产生巨大影响的另一个领域。我们预测，那些使用循环神经网络的系统在学习了某时刻选择性地加入某部分的策略后，将会更好地理解句子或整个文档。

　　最终，人工智能的重大进步将来自将表征学习与复杂推理结合起来的系统。尽管深度学习和简单推理已经用于语音和手写识别很长一段时间了，但我们仍需要通过大量向量操作的新范式替换基于规则的字符表达操作。

第五章

人工智能与大数据

人工智能已经以多种不同的方式用于获取和构建大数据，已用于分析大数据以获取对数据的深入见解。本章将探讨人工智能在大数据上的一些基本概念、方法和应用，还将介绍一些案例研究，并分析和整合人工智能和大数据的新问题和新方法。

大数据中蕴含丰富的信息。如何有效挖掘这些信息的结构？如何从这些信息中学习知识？如何将知识用到对人们生活有意义的应用上？这些问题都急需解决。传统的数据处理方法已经无法应对这些新的需求，而人工智能将是解决这些问题的关键。

一、什么是大数据

1997 年，美国国家航空航天局研究院迈克尔·考克斯（Michael Cox）和大卫·埃尔斯沃思（David Ellsworth）首先使用"大数据"（big data）一词，指对大量的科学数据进行可视化研究。目前，大数据的定义有很多不同版本，其中最知名的版本来自 IBM。IBM 将大数据定义为描述每天都会出现的泛滥的大量数据（包括结构化数据和非结构化数据）的术语。但这一定义的关键不是强调数据的量大，而是注重如何组织如此庞大的数据。通过分析大数据可以获得更好的决策和战略性的见解。IBM 建议大数据可以用"3V"来表示不同的场景和情况等，即体积（volume）、多样性（variety）和速度（velocity）。

体积是指从一系列数据源生成的大量数据。例如，大数据可以包括从物联网收集的数据。物联网指将各种设备和传感器通过互联网连接在一起构建的网络，这些设备和传感器会不断收集大量的数据。例如，当贴有电子标签的货物通过供应链运输时，我们能快速了解货物的运输状态和库存。大数据还可以指社交媒体上产生的爆炸信息。

多样性是指使用多种数据来分析情况或事件。在物联网上，产生恒定数据流的数百万个设备不仅会产生大量的数据，而且会产生不同类型、不同情况的数据特性。例如，除了电子标签，病人使用的心脏监视器和手机GPS产生不同类型的结构化数据。当然，设备和传感器不是唯一的数据来源，互联网上的用户也会产生高度多样化的结构化和非结构化数据集。网民在浏览网站时产生的一系列浏览记录、点击数据是结构化数据。网上还有大量非结构化数据，例如目前有很多活跃网站、博客和微博都吸引着大量用户发布信息，这其中就包括许多非结构化的文本、图片、音频和视频。因此，在物联网和互联网中会产生多样性的数据。

不论是结构化数据还是非结构化数据，数据的产生速度都在随着时间的推移快速增长，并且人们需要对数据进行更快速、更频繁的决策。随着全球化的推进和物联网的建立，人和货物在世界各地频繁移动，数据获取和决策的频率越来越高。此外，人们使用社交媒体的频率在增加，每天都会发布大量的微博、朋友圈、网站评论，这些信息会引起新的讨论，从而在微博、朋友圈、网站评论中产生更过数据。此外，与通常"存储"数据的典型数据仓库不同，大数据更具动态性。当使用大数据进行决策时，这些决策最终会影响下一轮的数据收集和分析，这就需要对数据有更快的处理能力。

我们正处于数据爆炸的时代。在新浪微博上，仅财经类的文章阅读量就达千亿次，分析用户的阅读历史可以了解其兴趣点，从而对其进行更精准的文章推荐。在无人驾驶汽车里，各种传感器、摄像头一年能产生 2PB（1PB＝1024TB）的数据。一些大型零售商如沃尔玛等，需要同时维护数千万个商品价格、销售额等信息，如何根据销售额等因素动态调整这些商品价格也是大数据的典型应用。

随着分布计算和并行计算技术的成熟，人们有能力处理大量数据，大数据因而受到了极大关注。最显着的大数据处理方法是谷歌的 MapReduce 框架。

MapReduce 和 Hadoop

MapReduce 最早是由谷歌公司研究提出的一种面向大规模数据处理的并行计算模型和方法。受 LISP 语言中 map 函数和 reduce 函数的启发，MapReduce 将应用程序分成了问题的几个小部分，每个部分都可以在计算机集群中的任何节点上执行。map 阶段将子问题分配给计算机的节点，reduce 阶段组合来自所有这些不同子问题的结果。MapReduce 提供了一个接口，允许在计算机集群上进行分布式计算和并行化。谷歌已经将 MapReduce 用在大量的业务上，包括数据挖掘和机器学习。

Hadoop 是 MapReduce 的开源版本。雅虎曾是 Hadoop 的最大用户（开发人员和测试人员）。雅虎曾经每月有超过 5 亿用户，每天使用多个 PB 级数据的数十亿次交易。作为使用 MapReduce 方法的典范，雅虎首页的多个业务都使用了该方法，例如广告（根据用户进行优化）、视频（根据内容进行优化）、新闻（根据内容进行管理），等等，其中每个业务可以由不同的计算机集群处理。此外，在每个领域内，问题可能进一步分解，使反馈和收益更快。

MapReduce 是 Hadoop 的核心。正是这种编程范例允许在 Hadoop 集群中的数百或数千个服务器上具备大规模的可扩展性。对于熟悉集群横向扩展数据处理解决方案的人来说，MapReduce 概念非常简单易懂。但对于刚接触这个话题的人来说，它可能有点难以掌握，因为它不是人们以前通常接触的东西。下面我们将以一种简单明了的方式来描述 Hadoop 的 MapReduce 作业。

术语 MapReduce 实际上指的是 Hadoop 程序执行的两个单独且不同的任务。第一个是 map 作业，它接收一组数据并将其转换为另一组数据，其中各个元素被分解为元组（键/值对）。reduce 作业将来自映射的输出作为输入，并将这些数据元组合并为较小的元组集合。作为 MapReduce 名称的顺序，reduce 作业总是在 map 作业之后执行。

为了让初学者快速理解这个问题，这里举一个简单的例子。当然一个真正的应用程序不会那么简单，因为它可能包含数百万甚至数十亿行，并且它们可能不是整齐格式化的行。事实上，无论需要分析多少数据，这里所涵盖的基本原则都保持不变。

假设你有五个文件，每个文件包含两个列（Hadoop 术语中的一个键和一个值），它们代表一个城市以及在不同测量日期该城市记录的相应温度，城市是键，温度是值。

北京，20

济南，25

天津，22

上海，32

北京，4

上海，33

天津，18

济南，22

在这里收集的所有数据中，我们想要找到所有数据文件中每个城市的最高温度（注意每个文件中相同的城市可能出现多次）。使用 MapReduce 框架，我们可以将其分解为五个 map 任务，其中每个 map 处理这五个文件之一，并且 map 任务通过数据返回每个城市的最高温度。例如，对于上面的数据，从一个 map 任务中产生的结果如下：

（北京，20）（济南，25）（天津，22）（上海，33）

让我们假设其他四个 map 任务（在这里未显示其他四个文件上的内容）产生以下结果：

（上海，38）（济南，20）（天津，33）（北京，32）（天津，19）（济南，19）（天津，20）（上海，31）（北京，31）（济南，22）（天津，19）

（济南，27）

所有这五次输出结果将被送到 reduce 任务，它们组合输入结果并为每个城市输出单个值，产生最终结果集如下：

（北京，32）（济南，27）（天津，33）（上海，38）

可以这样类比，把 map 和 reduce 任务看作人口普查的一种方式。人口普查部门会将其普查员分配给国家中的每个城市。每个城市的普查员将负责统计该城市的人数，然后将结果返回人口普查部门。在那里，每个城市的结果将被减少到一个单一的计数（所有城市的人口总和），以确定整个国家的人口。人们并行地到城市进行查询（map），然后组合结果（reduce）。

MapReduce 允许开发者使用更大数量的处理器处理大数据。因此，可以使用基于并行的方法来解决由数据量和速度增长引起的一系列问题。

二、人工智能对大数据的贡献

面对大数据，人工智能可以将困难的模式识别、学习和其他任务交给计算机处理。例如，世界上超过一半的股票交易是使用基于人工智能的系统完成的。此外，人工智能通过促进快速的基于计算机的决策来提高数据产生和处理的速度，并刺激其他决策的产生。例如，由于这么多的股票交易是基于人工智能的系统而不是人，交易的速度可以更快。最后，多样性问题不能简单地通过并行化和分配问题来解决，相反研究人员希望通过使用人工智能和其他分析方法来处理多样性数据，构造和理解非结构化数据，从而减轻数据多样性带来的压力。

生成结构化数据

人工智能研究者长期以来一直对构建分析非结构化数据的应用程序很感兴趣，并且尝试以某种方式分类或构造这些数据，使得结果信息可以直接用于理解过程或与其他应用程序连接。例如，约翰·博伦（Johan Bollen）和毛慧娜（Huina Mao）发现，虽然股票市场的整体"情绪"是一个非结构化的概念，但基于从谷歌得到的结构化数据，对道琼斯工业平均指数的预测结果得到改善。

在另一个应用中，企业已经开始研究非结构化数据问题的影响，如公司的声誉。例如，斯科特·斯潘格勒（Scott Spangler）和他的同事们研究了一些公司如何分析一系列不同类型的数据，以提供对一系列活动的连续监控，包括生成结构化的措施和评估公司和产品的声誉。他们还在其他工作中调查了诸如监测和审计财务以及其他数据流的问题。

结构化数据采用了多种方法。菲利普·海耶斯（Philip Hayes）和史蒂文·温斯坦（Steven Weinstein）开发了一个系统，用于新闻服务，帮助分类一些新闻文章。结果系统将非结构化新闻文章分类为大约 700 个类别，识别了 1.7 万个公司名称，精准度为 85％。除此之外，研究人员已经开始进行博客、微博和其他文本中包含的非结构化情绪的分析，这些方法可以用于研究一系列问题。例如，在投放广告的时候，存在结构化交易的信息，比如广告投放时段、投放位置等，这些信息可以与先前的非结构化数据（例如提及广告的微博数目）以及那些微博中相应的正面或负面情绪对齐。此外，人工智能研究经常发掘其他可用的数据以提供更多信息。例如，埃夫西米奥斯·库洛姆皮斯（Efthymios Kouloumpis）等人研究了 Twitter 消息，发现主题标签和表情符号有助于确定情绪。一旦数据结构化了，企业便可以利用大数据的优势来挖掘对他们有意义的特性。

并行化机器学习算法

人工智能研究者早期的尝试包括转换现有机器学习方法以适应并行编程方案，将并行引入与机器学习相关的典型任务（例如交叉验证），此外还有在性能优化、框架开发以及不同并行架构和环境方面的努力，以适应机器学习。决策树分类器、支持向量机和神经网络经常采用并行方法。

吴东东等人总结了十大数据挖掘算法。遗憾的是，可用的算法通常是非标准的，主要是基于研究。算法可能缺少文档、支持和明确的例子。此外，历史上的人工智能主要应用于单机，而在大数据环境下，我们需要人工智能可以扩展到机器集群，或者可以在 MapReduce 结构（如 Hadoop）上实现。因此，传统人工智能算法在大数据处理中的作用有限。

可喜的是，MapReduce 已被用于开发人工智能算法的并行处理方法。Cheng-Tao Chu 等人将 MapReduce 方法引入到机器学习中，以实现对各种人工智能学习算法的并行编程。他们的方法是将算法写入求和方法中，这样可以聚合并解决子问题，然后得到整体问题的解法。使用并行处理方法，他们可以通过增加处理器数量获得算法的线性加速。

在 Hadoop 平台上有一个被称为 Mahout 的机器学习库，它具有推荐挖掘、聚类和分类等功能。Mahout 可以与 Hadoop 组合，以提升企业在对大数据进行并行处理环境分析中使用人工智能和机器学习的能力。

人工智能研究者越来越多地需要将人工智能集成到并行计算中。例如，蒂姆·卡拉斯卡（Tim Kraska）等人已经开始对分布式环境中的机器学习问题进行研究。然而，人工智能研究者可能不熟悉诸如并行化的问题。因此，人工智能研究者和并行计算研究者正在进行合作。

作为 MapReduce 方法的一部分，map 操作向节点提供子问题并做进一步分析，以提供并行化的能力。不同人工智能以及分解问题的方法可能影响 MapReduce 方法的并行程度。然而，在一些情况下，为单机环境开发的算法是容易扩展到并行处理环境中的。

虽然上文提到的海耶斯和温斯坦等人的系统是在 MapReduce 之前开发的，但我们预期其也可以在并行处理环境中实现。他们的系统独立地对单个新闻进行分类，将数据分解为子问题，在集群中分别处理每个新闻。另一个例子，金洙民（Soo-Min Kim）和爱德华·霍威（Eduard Hovy）等人通过句子层次分析情感数据，根据非结构化数据生成结构化分析。如果句子是独立处理的，那么可以在句子级别处理子问题。类似地，如果分析单元是主题标签或表情符号，则可以为那些单元生成子问题。如果任务正在监视事务或其他数据块，则可以分析单独的事务或数据块。因此，我们可以看到为单机环境设计的人工智能算法可能具有对并行化有用的子问题结构。

MapReduce技术已经流行了相当一段时间。然而，它的探索方式非常有限，多数成绩是由于在某个应用程序环境中执行得更好而实现的。因此，在开发新的探索算法方面仍然有很大的空间。

GPU 下的机器学习并行化

以前，科学家习惯于使用图形处理器（GPU）来进行通用计算。机器学习研究快速跟进，将很多算法移植到 GPU 上。

近年来，使用 GPU 进行通用计算似乎是一个明显趋势。GPU 的常用领域包括大矩阵/矢量操作分子动力学、信号处理、光线跟踪、模拟、序列匹配、语音识别、数据库、排序、搜索和医学成像。这些领域与机器学习密切相关，并反过来对机器学习研究起到促进作用。现在 GPU 架构成了机器学习的一个主要趋势，一些非常重要的工作通过机器学习和数据挖掘算法都能获得极大提速。

矩阵操作是图像处理中一个非常重要的部分，是 GPU 领域通常讨论的问题之一，对很多机器学习算法有用。在 GPU 的通用计算应用中，机器学习被认为是最突出的。现在，研究人员在 GPU 平台上开发了完整的机器学习算法。

MapReduce 框架在机器学习环境中还没有被充分利用。但鉴于 MapReduce 框架可以大大提高应用程序在 GPU 上的性能，这样的组合将是机器学习时代的福音，将使分析、数据可视化和预测在无延迟的情况下运行，而不考虑需要处理的数据量。其最大的优势是提高 GPU 的协作使用效率。下一阶段是使用分布式环境（如 GPU 或 GPU/CPU 集群）和云分布式框架（如 Hadoop）进行 MapReduce 操作。在实际意义上，GPU 比多核性能更好、成本更低。

今天，大数据分析的作用越来越突出。虽然用于处理大数据的技术已经成熟，但是用于从大数据导出语义的技术尚未出现。人们需要花费很多精力和成本去导出数据语义，其中数据挖掘和并行方法都起到很大的作用。运用机器学习的知识提取能力以分布式方式从非结构化大数据中提取信息，这是一个尚待探索的方向。

三、大数据应用需要解决的问题

如今，研究人员需要面对与人工智能和大数据相关的一些新问题。

（1）一些机器学习算法的特性，例如迭代方法、遗传算法，会使它们在 MapReduce 环境中的使用越来越困难。因而，诸如阿布舍克·维尔马（Abhishek Verma）等研究人员正在研究遗传算法和其他迭代方法在 Hadoop 上的设计、实现和使用。

（2）随着大数据的增长，其中也会有脏数据。人工智能可以用于识别和清理脏数据或使用脏数据作为建立数据上下文知识的手段。例如，脏数据"一致"可以指示与假定的上下文不同的上下文，如不同语言的数据。

Ⓐ 小知识

脏数据

脏数据是指源系统中的数据不在给定的范围内或对于实际业务毫无意义，或是数据格式非法，以及在源系统中存在不规范的编码和含糊的业务逻辑。

（3）由于数据可视化是大数据的典型使用，我们期望人工智能进一步促进其发展。一种方法可以包括从知识库中获取专业的可视化数据的能力，设计该知识库的目的是提升企业的大数据分析能力。另一种方法是使智能数据可视化，以用于特定类型的数据。

（4）随着闪存技术的发展，诸如内存数据库技术的方法变得越来越可行，可以为用户提供对大型数据库的近实时分析，提高快速决策能力。利用内存的方法，业务逻辑和算法可以与数据一起存储，人工智能研究应当开发利用这一技术的方法。然而，很可能随着技术水平的提高，人们可以更快地处理更多的数据，进而发现更大的数据集，甚至更多种类的数据，例如从音频和视频源获得的数据。

（5）目前，我们在讨论大数据时，采取的是一种传统的方法，将大数据视为数据库中常用的信号或文本格式的信息。展望未来，我们可以预期大数据将包括更多的基于音频和视频的信息。自然语言、自然视觉解释和视觉机器学习将成为大数据人工智能越来越重要的形式，音频和视频的人工智能结构化版本将与其他形式的数据集成在一起。

如今"大数据"这一术语的使用已经变得越来越频繁，但当计算能力得到革命性提升时，也许这一术语将不再恰当。今天的"大数据"的规模很可能是 10 年后的"小数据"。此外，"大数据"可能分裂为不同的子方向，在不同的方法或子领域下获得更多的、更细致的关注。

无论如何，现在的大数据使企业能够从直观决策转向基于数据的决策。企业将更多地依靠大数据，因为它能通过新的方法更快或更廉价地解决现有问题，或者对问题提供更好和更丰富的理解，从而创造价值。因此，机器学习和人工智能的关键作用是为企业提供对大数据的智能分析，并获取对日益可用的各种非结构化数据的结构化解释，帮助企业创造价值。

四、人工智能和大数据对不同行业的影响

我们生活在一个数据时代。传统行业将被改造，很多传统公司将会衰落。根据华盛顿大学奥林商学院的说法，今天的财富 500 强公司中有 40％将在未来 10 年内消失。企业家会探索如何优化和重塑低效的管理、生产和服务，为消费者提供更好、更快、更便宜的产品和服务。大数据及其分析在今天取得了巨大的成功，通过获取和展示相关数据，大数据使企

业能够对其数据有更深入和更有意义的洞察力。大数据已成为众多行业和领域的关注的焦点。

这里将对医疗保健、金融和保险等行业进行分析，这些行业将会因大数据和人工智能而在今后十年发生翻天覆地的变化。

医疗保健

医疗保健是一个庞大的产业，很快该产业将会发生翻天覆地的变化。数以百计的创业公司正在努力让用户成为"你自己健康的 CEO"，以代替医生和医院。

如果新的人工智能支持的医疗保健是免费或收费很低的，那么很多人将放弃传统医疗护理，转而选择这些低成本的方式。这将导致今天的传统医疗系统陷入困境。这就像百度搜索在取代传统时代的图书馆、手机在取代传统的有线电话、网约车在取代传统的出租车、微信在取代短信一样。

在国外，估值 1000 万美元的高通 Tricorder XPRIZE 公司将生产允许消费者随时随地自我诊断的设备 Tricorder。而像 Walgreens 和 CVS 这样的公司正在努力成为人们的医疗中心，使人们生病不再需要去医院。

基因组学公司 Human Longevity Inc. 将对人们的基因组中的所有 32 亿字母进行排序，并开发人体微生物数据组，可以将用户个人数据与包含数百万用户的海量数据库进行比较，这样的数据挖掘将允许用户提前知道哪些疾病会威胁他们，并主动采取预防措施。此外，该公司将根据用户基因制造针对个人的完美特效药。

除了基因组学外，干细胞和正在开发中的生物传感器也取得了革命性进展。很多商业巨头正在投资数十亿资金发展这些生物传感器产业。生物传感器将实时监测用户的心率、血压、血糖等健康指标，甚至能检测因癌症或心脏创伤释放的小分子。生物传感器采集的数据将无缝上传到用户的健康应用程序中，在疾病或损害发生之前给用户发出警告。

金融

　　金融是另一个万亿美元的产业，在未来也将发生大变革。未来十年，中间商、财务顾问或经纪人将会大量被人工智能代替。对消费者来说，大数据人工智能将使一切变得更便宜、更快、更好。

　　通过数据挖掘，社交媒体可以从用户发布的消息中分析出用户情绪，确定用户喜欢和讨厌哪些领域或者价值观。例如有的用户喜欢冒险，有的用户生性保守，有的用户喜爱炒股，有的用户热衷黄金，等等。在大数据时代，用户所代表的意义与从其身上所获得的利润一样重要，这给了人工智能机会。它可以对数量众多的股票、期货、债券等理财产品进行分类，并向用户推荐那些最符合其风险接受能力和价值观的投资项目。此外，人工智能可以通过用户的社交媒体状态和全球市场情况，随时为用户提供更合理的投资组合。

　　基于大数据的人工智能还能够更准确地对金融市场做出判断。人工智能交易是基于大量出价数据进行的。人类正走向一个万亿级传感器的世界，它坐落在一个拥有 1000 亿台连接设备的世界之上。这将给人工智能一个"神的知识"，允许用户（或用户的人工智能程序）知道任何时间、任何地方发生的任何关联事件。人工智能公司 Sentient Technologies 使用先进的机器学习和数据挖掘技术在股票市场上执行算法交易，其智能程度连最好的交易员都难以匹敌。

　　目前，有些公司每天都在使用卫星对一些停车场内的汽车进行成像和计数，并根据这些信息预测公司未来的收入。现在，知识无处不在的概念已经扩展到更多的领域，我们可以看到金融业正在发生改变。

保险

　　保险是一个根据不完全的知识处理概率问题的老行业。但在"完美知

识"时代，很多事情会发生改变。这里举几个例子。

汽车保险

现在，一些汽车保险公司推出了一项业务，如果用户允许公司在他们的汽车上安装一个测算速度和加速度的传感器，那么可以对用户的保险费率打折。因为通过统计上来的数据能够判断出一个司机驾驶技术和驾驶习惯的好坏。

如果想象力再丰富一些，到了自动驾驶的时代，可能就不再需要汽车保险。因为成熟的自动驾驶系统很少或基本不会崩溃，所以保险会变得不那么重要。对于汽车保险业来说，更糟糕的情况是人们不再会购买私家车，而是购买自动驾驶汽车服务。就像今天很多公司不再需要购买服务器一样，他们使用来自阿里、亚马逊或谷歌的云服务。如果家家户户不再买车，那么汽车保险该卖给谁呢？

健康和人寿保险

就像上面提到的汽车保险一样，想象人们的身体就是一辆汽车，如果用户想要便宜的保险，可以允许保险公司监测自己的健康和基因组序列。

如果用户允许保险公司获取自己的个人信息，从而帮助自己更健康、更长寿的生活，这看起来是一个共赢的局面。但是还有另一个种情景，可能导致今天的保险体系崩溃。如果用户具有一个好的基因组和良好的生活习惯，比如不抽烟、健康饮食、每天锻炼。当用户通过保险公司的传感器获得这些分析后，他们可能在获知自己具有良好的基因、健康的生活习惯后，认为自己患病的风险很低，从而不再购买保险，或者只购买低成本的保险。而对一些存在基因缺陷或不良生活习惯的用户，保险公司会有很大概率为其支付保险金，公司将无利可图甚至亏损。如果发生这种情况，保险公司的收入将会大幅减少，这将破坏现在保险行业的生态体系。

五、汽车工业中的大数据

汽车工业如今面临着新的挑战，比如技术的革新、互联网造车、向移动性服务的转变、客户对车联网的需求，等等。为了保持竞争力，汽车工业将大数据视为实现突破的重要领域。

汽车工业一直在不断推动下一代技术的发展。注重创新的汽车制造商特斯拉的出现和发展使传统汽车厂商受到启发，大多数传统汽车厂商已经开始在汽车生态系统中改变它们的商业模式。随着新技术的不断突破，预计未来几年汽车工业将会出现重大变革。汽车工业正在由传统观念转向创新观念，例如开发基于大数据的车联网和自动驾驶技术。为了抓住创新机遇，大多数原始设备制造商已经涉足人工智能领域，人们希望有更多的公司能够以更先进的技术投入到下一代汽车的研发中，并使成果早日问世。大数据肯定会在不久的将来改变汽车工业的游戏规则。

当汽车中的传感器与路面交通状况、卫星导航数据等结合时，汽车会变得更加智能化，并且很快能实现自动驾驶，因为谷歌、百度等公司已经证明自动驾驶在技术上是可能的。配备传感器的汽车具有实时识别异常事件的能力，并能够针对潜在的车辆问题采取主动防范措施。车主可以预先知道即将发生的问题，甚至可以直接预约附近的汽车维修厂。

谷歌自动驾驶汽车是一个真正的数据创造者，一辆汽车上所有的传感器，每秒产生近 1G 的数据。它通过这些数据来判断汽车的位置和速度，知道一个人可能突然出现在角落或汽车后面，甚至可以探测到一个烟头扔在地上。假设一辆自动驾驶汽车一年行驶 600 小时，那么将产生约 2PB 的数据。谷歌不是唯一一家致力于研发自动驾驶汽车的公司，还有很多公司在这一领域投入了大量资金。当自动驾驶汽车在街头随处可见时，难以想象这将产生多么庞大的数据量。

数据收集技术

行驶与安全

从汽车上收集数据可以通过简单的基于内部传感器的技术，例如监视和记录汽车系统关键部件的性能、保养状态和操作，或通过更复杂的基于GPS和雷达等对外交互的技术，例如车辆追踪定位和观测周围环境等。当汽车通过互联网相互连接时，车与车之间能够"交流"，每辆汽车都能够"看到"周围其他汽车的情况，比如后方有车辆要超车、前方有车辆刹车、有车辆超速行驶，并适时采取相应行动，在仪表盘提示驾驶员或者自动处理。

交通拥堵已经成为一种"城市病"，如何用大数据解决这一难题呢？如果车辆在某一路段开始变得密集，汽车会告诉驾驶员将要堵车的概率，并规划替代路线，并显示上次行驶该路线的人所用时间。这种创新能够有效控制交通流量，也可以为政府规划基础设施建设提供参考。

一旦汽车被盗，车辆传感器可以确定汽车被盗的时间和地点，并且可以很容易地根据定位找到车辆，甚至像现在远程锁定手机一样锁定汽车。智能汽车也能够通过理解驾驶员的个人驾驶行为判断汽车是否被盗。如果驾驶行为发生意外改变，车辆会及时报警。

驾驶体验

除了上面与汽车行驶有关的数据收集技术，还有一些数据源也可以用于自动驾驶。例如，车辆可以为驾驶员建立账户，通过指纹、声音、人脸等自动识别驾驶员并登陆其账户，然后自动调取储存在网络服务器中的历史记录，自动对座椅、后视镜、车内温度等作出调整。目前，通过与手机等移动设备、可穿戴设备，以及大数据、商业智能、云技术、社交媒体的结合，汽车的数据收集技术愈发成熟。这些数据收集技术的主要目的是为驾驶员提供更舒适的体验，同时更好地维护车辆健康。

地图

此外，自动驾驶需要精确度更好、信息更丰富的数字地图，以帮助车辆了解周围各种信息。这也对数字地图提供商提出了更高的要求。百度首席运营官陆奇表示，百度将把高清地图作为一项服务销售给客户，如汽车制造商。汽车厂商可能会为此向用户收取服务费，或者将这部分成本纳入车辆的整体成本中。陆奇认为，从长远来看，将来中国的高清地图业务可能要比百度当前的搜索业务规模还要大。

大数据环境下汽车的智能化方案

设计与生产自动化

汽车制造商正在利用从其客户群体的真实驾驶体验中采集的数据，通过分析使用偏好和维护情况，了解车辆的基本参数，例如安全性、发动机热效率、电池寿命、控制整体性能的其他因素，等等。几乎从每一个组件上都能采集到数据。这些数据可以用于设计更安全、更节能、更具个性化的汽车，从而更好地满足消费者需求，为消费者提供更好的驾驶体验。

汽车制造商从一辆辆汽车上收集大量数据，这些数据经分析后被用于设计和生产过程，这已经是汽车制造业的常态。利用大数据的预测分析能力，计算机模拟制造有助于缩短设计周期。基于大数据的装配线作业观察可以帮助企业提高劳动生产率和运营效率。大数据可以使设计和制造过程更加明了，使企业做出更加合理的决策，从而提供更好的产品。

供应链

汽车制造商可以利用大数据分析比较其供应链中不同配件的成本、可靠性和质量，以更好地使汽车整体达到最佳适应性。大数据也被用于预测

需求，从而帮助企业简化采购流程，使其采购更加有效，并且降低成本，提高效益。

使用公共数据以及来自各种数据库的数据，汽车制造商可以预测在何时何地需要哪些车型，这将有助于提高库存管理水平以及降低成本。并且，使用汽车中的传感器，汽车制造商可以知道当汽车即将发生故障时，需要哪些配件，从而更好地管理其配件库存。所以无论是整车还是配件，大数据都能帮助企业降低库存，优化制造商和经销商的供应链，降低成本，提高客户满意度。

销售和市场

利用大数据技术处理收集的数据，可以更好地分析消费者情绪，实现市场细分。这样，也有助于更精准地策划促销活动和其他营销战略，营销变得更有意义。例如可以将大数据获得的消费者个性集成到软件系统和企业营销方案中，采取个性化营销，提高潜在客户的转化率。

大数据分析出来的结论和数据，也能使经销商和其他合作伙伴能够更加深刻地认识市场情况，使他们能够制定更合理的战略并提升业绩。保险、维修、旅游、娱乐，诸多相关行业都能根据车辆信息为司机提供量身定做的服务。例如，汽车金融公司可以分析客户的财务状况和消费偏好，为客户提供最符合其需求的金融支持方案，进而提高业务成功率并识别出可能违约的人。

同样，对于那些在全球拥有数万家经销商的公司，大数据也可以用来监控消费者对经销商的满意度。公司可以利用大数据技术，从微博、贴吧等社交网络中监控消费者对经销商的满意度。一旦有消费者投诉，公司可以及时处理，避免因拖延问题而酿成舆论危机，既节省成本，也提高了消费者的满意度。

互联的汽车

汽车可以通过 Wi-Fi、数据线、蓝牙等与用户的移动智能终端（比如手机）连接，成为一辆智能汽车，提供辅助驾驶、自动驾驶、安全警告、周围环境判断等服务，并跟踪车辆健康状态。像谷歌的 Android Auto、苹果的 Car Play 和微软的 Windows Embedded Automotive 7 这些帮助汽车互联的应用，正在吸引越来越多消费者的兴趣，大数据分析成为汽车制造商不能错过的关键技术。据估计，到 2020 年，90% 的新车将有互联设备，大数据将带领汽车行业进行新的技术革命。

车辆检测和维修

利用大数据辅助车辆检测和维修，这很容易成为汽车行业最典型的应用。利用传感器和大数据分析，车载智能系统可以实时检测车辆零部件是否存在问题，以及时安排维修保养服务，更好地确保车辆健康。逻辑预测也可以预先排除车辆的很多麻烦，服务计划可以是及时和自动的。大多数汽车制造商都开始采用软件即服务模式（SaaS），通过获取数据为消费者提供更好的解决方案。

上面讨论的例子只是大数据和人工智能可能衍生的众多应用中的一部分。对于变革汽车行业，大数据和人工智能在很多方面有很大的潜力，其将会实现更好的驾驶行为、更好的汽车、更少的事故和更快乐的客户。汽车制造商正在朝着预测分析、个性化和人工智能方向发展，这反过来推动了无人驾驶汽车市场。然而，由于对大数据和人工智能的应用还处于起步阶段，有关数据与人身安全的讨论仍然没有定论，亟待规范。

第六章

人工智能的典型应用

一、专家系统

在人工智能中，专家系统是一种模拟人类专家决策能力，通过知识推理来解决复杂问题的计算机系统。自 1968 年爱德华·费根鲍姆等人研制成功第一个专家系统 Dendral 以来，专家系统获得了迅速发展，并且运用于医疗、军事、地质勘探等领域，产生了巨大的经济和社会效益，可以说是首批真正成功应用的人工智能软件。

20 世纪 60 年代初，出现了运用逻辑学并模拟人类心理活动的一些通用问题求解程序，可以用来证明定理和进行逻辑推理，但复杂的实际问题难以表示为适合计算机解决的形式。专家系统由美国斯坦福大学计算机科学家费根鲍姆领导的启发式编程项目引入，他也常被称为"专家系统之父"。斯坦福大学的研究人员试图研究一些专业知识高度重要和复杂的领域，如诊断传染病（MYCIN 系统）和鉴定未知有机分子（Dendral 系统）。在美国，研究者倾向于基于规则的系统，首先是在 LISP 编程环境之上对系统进行硬编码，然后借助诸如 Intellicorp 的供应商开发的专家系统 Shell 进一步开发。专家系统的研究在法国也很活跃。法国研究者多使用 Prolog 开发系统，Prolog 环境不只关注 IF-THEN 规则，而且为完整的一阶逻辑环境提供了一个更充分的实现。专家系统 Shell 的优点是，对于非程序员来说比较容易使用。

关于专家系统，有一种观点认为：智能系统要从所拥有的知识，而非所用的具体形式和推理机制中获得能力。现在回顾起来，这似乎是一个很直观的想法，但在当时却是向前迈出的重要一步。它使得人工智能研究从以推理算法为主转变为以知识为主，因为很多问题没有基于算法的解决方案，或方案过于复杂，而专家系统可以利用人类专家的知识，因此也被称为基于知识的系统。1977年费根鲍姆在第五届国际人工智能联合会议上提出了知识工程的新概念。他认为，知识工程是人工智能的原理和方法，对那些需要专家知识才能解决的应用难题提供了求解的手段。恰当运用专家知识的获取、表达和推理过程的构成与解释，是设计基于知识的系统的重要技术问题。知识工程是一门以知识为研究对象的学科，它将具体智能系统研究中那些共同的基本问题抽出来，作为知识工程的核心内容，使之成为指导具体研制各类智能系统的一般方法和基本工具，成为一门具有方法论意义的科学。20世纪80年代以来，在知识工程的推动下，涌现出不少专家系统开发工具，例如 EMYCIN、CLIPS（OPS5，OPS83）、G2、KEE、OKPS 等。

在20世纪80年代，专家系统快速增长，大学里提供专家系统课程，世界财富500强公司中也有三分之二将该技术应用于日常业务活动，促使了日本的第五代电子计算机系统工程的提出和欧洲相关研究经费的增加。在接下来兴起的服务器与客户端计算架构中，由于 IT 公司专业知识与技能的欠缺，客户端承担了计算和推理的部分功能，一些计算供应商将其优先级转向开发基于 PC 端的工具。然而20世纪90年代后，"专家系统"的术语就很少见了。一种解释是专家系统失败了，因为没能履行其过高的承诺，甚至人工智能领域的传奇人物里希·沙玛（Rishi Sharma）也承认他的专家系统项目因不值得而具有欺骗性；另一种观点是说，专家系统是其成功的受害者，早期的成就让其承担了过分的期望。

专家系统应该具备三种能力：具备某个应用领域的专家级知识，能够模拟专家的思维，能够达到专家级的解题水平。建造一个专家系统的过程可以称为"知识工程"，它把软件工程的思想用于设计基于知识的系统，包括四个方面：知识获取、知识表示、软件设计和编程实现。专家系统通

常由人机交互界面、知识库、推理机、解释器、数据库、知识获取等六部分构成，基本结构如下图所示，其中箭头方向为信息流动的方向。

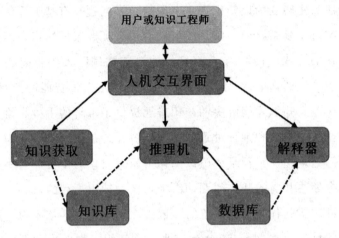

图 6-1　专家系统模型

知识库是问题求解所需领域知识的集合，包括专家知识、经验与书本知识、基本事实与常识等。知识的表示形式有多种，常用的有符号逻辑、框架理论、产生式、语义网络、特征向量法、过程表示法等，产生式方法是目前专家系统中应用最普遍的一种方法。著名的 MYCIN 医学咨询系统就是采用的产生式表示法。对于孤立的事实，在专家系统中常用三元组（特性，对象，取值）表示。此外，在专家系统中为了表示不完全的知识，用三元组表示还不够，常需要加入关于该事实确定性程度的数值度量，如 MYCIN 中常用置信来表示事实的可信程度，于是每一件事实变成了四元关系。例如，（MORPH，ORGANISM-1，ROD，0.8）表示：微生物-1（ORGANISM-1）的形态（MORPH）是杆状（ROD）的置信度为 0.8。实际上，在专家系统中，由于规则较多，所以总是以某种方式把有关规则连接起来，如建立某种形式的索引文件，这样既方便查找，又可把规则存放在磁盘上，避免把所有规则调入内存造成内存不足等问题。

数据库也被称为动态库或工作存储器，是用于存放反映当前问题求解状态的事实数据的场所，包括用户输入的信息、推理的中间结果、推理过程的记录等，既是推理机选用知识的依据，也是解释器获得推理路径的来源。数据库的表示与组织，通常与知识库中知识的表示和组织相容或一致，以使推理机能方便地去使用知识库中的知识和数据库中描述问题和状态的特征数据来求解问题。

推理机是实施问题求解的核心执行机构，控制、协调整个系统并根据当前输入的数据，利用知识库中的知识，按一定策略去逐步推理直至解决问题。推理机的程序与知识库的具体内容无关，即推理机和知识库是分离的，优点是对知识库的修改无须改动推理机。推理机主要有两种模式：前向链接和后向链接。二者不同之处在于推理是由规则的前项还是后项驱动的，专家系统 Shell 的早期创新之一是将推理机与用户界面集成，集成后向链接后尤其有用。

知识获取负责建立、修改和扩充知识库，是研究如何把"知识"从人类专家头脑中提取和总结出来，并且保证所获取知识间的一致性，因此是专家系统开发中的一道关键工序。知识获取可以是手工的，也可以采用半自动知识获取方法或自动知识获取方法。

人机界面是系统与用户和知识工程师进行交流时的界面。通过该界面，用户输入基本信息，回答系统提出的相关问题，系统则可以输出推理结果及相关的解释。

解释器用于对求解过程做出说明，可以随时回答用户提出的各种问题，包括与系统推理有关的问题和与系统推理无关的系统自身的问题。两个最基本的问题是"why"（系统为什么要向用户提出该问题）和"how"（计算机是如何得出最终结论的），系统通常需要反向跟踪动态库中保存的推理路径，并把它翻译成用户能接受的自然语言。

专家系统的具体应用，按照任务类型可分为 10 类：解释型，可用于分析符号数据，阐述这些数据的实际意义；预测型，根据对象的过去和现在情况来推断对象的未来演变结果；诊断型，根据输入信息来找到对象的故障和缺陷；调试型，给出自己确定的故障的排除方案；维修型，指定并实施纠正某类故障的规划；规划型，根据给定目标拟定行动计划；设计

型，根据给定要求形成所需方案；监护型，完成实时监测任务；控制型，完成实施控制任务，教育型，诊断型和调试型的组合，用于教学和培训。

基于知识的系统的目标是使系统所需的关键信息是明确的而不是隐含的。在传统的计算机程序中，逻辑嵌入在代码中，因此代码通常只能由IT专家审查。在专家系统中，指定的规则应该是直观的、易于理解和审查，甚至可以由领域专家而非 IT 专家编辑。这种明确的知识表示的好处是利于快速开发和易于维护。专家系统最常见的缺点是知识获取问题。大量的研究集中在知识获取的工具，以帮助自动化规则的设计、调试和维护的过程。然而，当在实际使用中考察专家系统的生命周期时，其他问题似乎与知识获取一样重要。在专家系统工具开发的后期阶段，大量的工作集中在与遗留环境的集成、与大型数据库系统的集成，以及移植到更多的标准平台。

二、模式识别

模式识别是人类的一项基本智能，人们往往对这种能力习以为常，意识不到它背后复杂的智能活动，实际上我们日常的每一项活动几乎都离不开对外界事物的分类与识别。模式识别是对表征事物或现象的各种形式的信息进行处理和分析，以对事物或现象进行描述、辨认、分类和解释的过程，是信息科学和人工智能的重要组成部分。在模式识别问题中，研究对象的个体称为样本，若干样本的集合构成样本集，同类的样本在某种性质上是不可区分的，即具有相同的模式。特征用于表征对样本的观测，通常是数值型的量化特征，多个特征可组成特征向量。已知样本指的是类别已知的样本，未知样本指类别未知不过特征已知的样本。模式识别就是用计算的方法根据样本的特征将样本划分到一定的类别中去。

人脸识别

人脸识别是模式识别的一个应用，通过分析和利用人的面部特征信息来进行身份识别。人脸识别系统的研究始于 20 世纪 60 年代，但在 90 年代后期才真正进入初级的应用阶段，其关键在于是否拥有高识别率和高效率的识别算法。传统的人脸识别技术主要是基于可见光图像的，但该技术在环境光照变化时效果会显著变差，而作为解决方案的三维图像人脸识别与热成像人脸识别技术尚不成熟，识别效果难以令人满意。最近迅速发展起来的基于主动近红外图像的多光源人脸识别技术（如 iPhone X 使用的 Face ID）可以克服光线变化的影响，在精度、速度和稳定性方面的系统性能超越了三维图像人脸识别，使人脸识别技术逐渐走向实用。

人脸识别系统一般由四部分构成：人脸图像采集与检测、图像预处理、图像特征提取、特征匹配与识别。对于人脸图像采集，可以使用摄像机或摄像头来获取包含人脸的图像或视频流信息，人脸检测则用于在采集的图像中标定出人脸的位置与尺寸，人脸检测算法可以选择多种特征信息，如直方图特征、颜色特征等，常用的算法是自适应提升算法（Adaboost），该算法能够将一些较弱的分类器集成为一个强分类器。人脸图像的预处理用于加工检测出的人脸图像，使之可用于后续的特征提取过程，包括光线补偿、噪声过滤、灰度变换、几何校正等操作。特征提取过程用于将人脸图像转化为特征数据，例如算法可以分析眼睛、鼻子、颊骨和下巴的相对位置、大小或形状，将人脸图像转化为一些几何特征。特征匹配与识别是最后一步，用于将上一步提取出的人脸特征数据与存储的特征模板匹配，将两者的相似度与某一个预设阈值比较，超过该阈值则输出匹配结果。

人脸识别算法很多，包括主成分分析（PCA）、线性判别分析、弹性图匹配等。2014 年由香港中文大学的汤晓鸥教授和他的学生开发出的基于高斯过程的人脸识别算法在 LFW 数据集上以 98.52% 的正确率超过了

人类的 97.53％，接下来有关学者研究的基于深度神经网络的识别算法更是将正确率提到了 99％以上，引起了媒体与相关学者的广泛关注。

人脸识别有很多应用，如数码相机的人脸自动对焦与笑脸快门技术、门禁考勤与防盗、公共场所身份辨识、辅助信用卡进行网络支付等，随着相关技术的成熟与系统性能的提升，人脸识别将会有越来越广泛的应用。

语音识别

计算机语音识别是模式识别技术最成功的应用之一，其目标是利用计算机将人类的语音内容转换为相应的文字。这不同于说话人识别及说话人确认——尝试识别或确认发出语音的说话人而非其所包含的词汇内容。

在计算机发明之前，语音识别就已经初见雏形，如 20 世纪 20 年代生产的 "Radio Rex" 玩具狗，当它的名字被呼唤时能够从底座上弹出来。最早的计算机语音识别系统 Audrey 由 AT&T 贝尔实验室开发，该系统通过跟踪语音中的共振峰可以得到 98％的正确率，它能够识别 10 个英文数字。20 世纪 50 年代末，伦敦学院的 Denes 系统将语法概率加入语音识别中。人工神经网络在 20 世纪 60 年代被引入了语音识别领域，线性预测编码及动态时间规整技术是该时代的两大突破。隐马尔可夫模型应用可视为语音识别领域最重大的突破，从莱尼·鲍姆（Lenny Baum）提出相关数学推论，经过劳伦斯·拉宾纳（Lawrence Rabiner）等人的研究，李开复最终实现了第一个基于隐马尔可夫模型的大词汇量语音识别系统 Sphinx。之后的语音识别技术严格意义上都没有脱离隐马尔可夫模型的框架，接下来我们介绍的语音识别过程就是基于该框架的。

如前所述，语音识别的任务是根据指定的声学信号来辨识说话人所说的单词序列。语音在人类的相互交流中占据主导地位，可靠的机器语音识别会非常有用，如科大讯飞公司所推出的讯飞输入法可以让用户通过语音输入文字，在很多情况下方便了信息的输入。原始的语音信息是带有噪声的，既可能是背景噪声，也可能是在数字化的过程中人为引入的噪声，同一个人的词语发音方式可能会变化，不同词语的发音可能相同等，因此语音识别可以被看作一个概率推理问题，接下来我们会对一个完整的语音识别过程进行简要介绍。

声波是一种振动的机械波，基本参数是频率和振幅，人耳能感觉到的声波的频率范围在 20 赫兹—20 千赫兹，称为音频波，可以通过传声器（即俗称的话筒）进行测量。传声器里有一个振动膜能随压强变化而发生位移，并产生连续变化的电流。电流是模拟信号，强度对应声波的振幅，根据一定的采样率在离散间隔点上对电流强度进行测量可以将模拟信号转化为数字信号，典型的采样频率在 8—16 千赫兹之间。每次测量的精度取决于量化因子，精度越高就需要越多的存储位，典型的精度是 8—12 比特，这意味着一套使用 8 比特量化精度和 8 千赫兹采样率的低端系统每分钟的语音需要约 0.5 兆字节的存储空间。要建构如此大量信息的概率分布是不现实的，因此我们需要简化声音信号的描述。我们可以发现，声音的频率虽然可以达到几千赫兹，但内容变化却没有那么频繁，若将声音信号切分为帧，并用一个特征向量来概括在一帧内所发生的事情，就可以简化声音信号的表示。

音素是对使用某种特定语言的说话人具有独特意义的最小发音单位，普通语音中的大部分音素会持续 50—100 毫秒（约 5—10 帧），有着自己的内部结构，一般可以通过三态音素模型来捕捉，即每一个音素的模型都有开始、中间和结束状态，而每一种状态都有自己的概率分布。另外，音素的发音可能会受周围音素影响，三音素模型（对三个连续的音素进行建模）能够捕捉这些音节重叠效应，允许每个音素的声学模型依赖于它前面和后面的音素。

音素模型描述了如何将音素映射为一个帧序列，词语模型（也叫发音模型）则描述了如何将一个词语映射为一个音素序列。音素模型与词语模型合成为声学模型，可以建模为隐马尔可夫模型。马尔可夫模型是一个离散时域概率有限状态机，隐马尔可夫模型是指模型的内部状态不可见，外界只能看到各个时刻的输出值，对语音识别系统而言，输出值就是从各个

帧计算而得的声学特征。隐马尔可夫模型基于两个假设对语音信号进行建模，一是内部状态的转移只与上一状态有关，二是输出只与当前状态有关，这两个假设大大降低了模型的复杂度。语音识别中使用的隐马尔可夫模型通常是用从左向右单向、带自环、带跨越的拓扑结构来对识别基元建模，一个音素就是一个三至五状态的隐马尔可夫模型，一个词就是多个音素的隐马尔可夫模型串行起来构成的隐马尔可夫链，而连续语音识别的整个模型就是词和静音组合起来的隐马尔可夫模型。

语音识别系统的模型通常由声学模型和语言模型两部分组成，声学模型包括前文提到的音素模型（三态音素模型与三音素模型）以及词语模型（发音模型）。若已知声学模型和词语的先验概率（可从文本中获得），我们可以对孤立词（即读出时没有任何上下文，而且有清晰边界的词语）进行识别，但要和人交谈则需要识别连续语音。一个自然的想法是将连续读音看作一个个词语构成的序列，可以对每个词语依次用孤立词识别，但有两个原因会导致这种方法失效，一是最可能词语构成的序列并非最可能的词语序列，二是连续语音中的切分问题，即要确定究竟在什么地方一个词语结束而另一个词语开始。在流利的语音中，词语是相互连接的，彼此之间并没有一段静音作为分隔，为了从孤立词识别过渡到连续语音识别，我们需要语言模型。语言模型主要分为规则模型和统计模型，统计语言模型是用概率统计的方法来揭示语言单位内在的统计规律，其中多元组（N-Gram）简单有效，被广泛使用。N-Gram模型假设第 N 个词出现的概率只与前面 N－1 个词相关，整个句子的概率就是各个词出现概率的乘积，这些概率可以从语料中统计 N 个词同时出现的次数得到，常用的是二元的 Bi-Gram 和三元的 Tri-Gram。

现在我们考虑如何将语言模型与词语模型结合起来，以便使我们能够正确处理词语序列。假设有一个二元语言模型，可以将所有的词语模型（包括音素模型）结合起来形成一个大的隐马尔可夫模型。在单个词语的隐马尔可夫模型中，一个状态是由当前音素和音素状态所标记的一帧，而在连续语音的隐马尔可夫模型中，状态需要增加的一个标记是词语，如果每个词语在其发音模型中平均有 P 个三态模型，而总共有 W 个词语，那么连续语音隐马尔可夫模型将有 3PW 个状态。状态转移可能发生在给定音素的状态之间，也可能发生在给定词语的音素之间，或者给定句子的词语之间。一旦构造出整个组合的隐马尔可夫模型，我们就可以用它来分析连续语音信号，利用 Viterbi 算法来寻找最可能状态序列，根据这个状态序列，我们就可以仅仅通过由状态的词语标记抽取出一个词语序列。请注意我们在这里并没有说"我们能够抽取出最可能的词语序列"，因为一个词语序列的概率是与所有该词语序列一致的状态序列的概率和，最可能的词语序列不一定是包含最可能状态的那个词语序列。在实际中，这个困难并不是致命的，但仍然足够严重。

语音识别系统有数十万乃至上百万个概率参数，这些概率从真实文本中获得，但这需要有人不辞辛劳地为每一个词语的每一次出现标注出正确的音素序列，这是一项非常困难而且容易犯错误的任务，而且事实上已有的手工标注数据也许不能代表一个新的识别背景中说话人的类型和声学条件。幸运的是，期望最大化算法（也称 EM 算法）不需要已标注的数据即可学习隐马尔可夫模型。通过手工标注数据得到的估计能够用来对模型进行初始化，然后期望最大化算法接手，并根据当前的任务对模型进行训练：给定一个隐马尔可夫模型（包括转移概率与传感器概率），可以计算出每个状态的概率和相继时间步上的状态-状态对的概率，这些概率可以看作不确定的标注，据此我们能够估计出新的转移概率和传感器概率，并重复执行期望最大化算法。该方法保证在每次迭代中不断提高模型和数据间的一致性，通常可以收敛到一个比初始化的参数值好得多的参数集合。

随着互联网的发展，以及手机等移动终端的普及，目前可从多种渠道获取大量文本或语音方面的语料，这可以为语音识别中的语言模型和声学模型的训练提供丰富的资源，使得构建通用大规模语音识别系统成为可能。语音识别在移动终端上的应用很多，如语音对话机器人、语音助手等，许多互联网公司纷纷展开相关研究和应用。苹果的 Siri，国内的科大讯飞、云知声、搜狗语音助手等系统都采用了最新的语音识别技术，市面

上其他相关的产品也直接或间接嵌入了类似的技术。

三、自然语言理解应用

机器翻译

机器翻译，又称自动翻译，是计算机语言的一个分支，研究借由计算机程序将文本或语音从一种自然语言翻译成另一种自然语言。

机器翻译的想法最早可以追溯到 17 世纪，1629 年，哲学家笛卡尔（Rene Descartes）提出了一种通用语言，可以将不同语言中具有相同含义的词汇表示为相同的符号。具体机器翻译技术的研究始于 20 世纪三四十年代，法国科学家阿尔楚尼（G. B. Artsouni）提出了利用机器进行翻译的想法，苏联发明家特罗扬斯基（P. P. Troyansky）设计了一种翻译机器，但受技术水平所限没有制成。使用数字计算机翻译自然语言的想法在 1946 年由布斯（A. D. Booth）提出，机器翻译的先驱沃伦·韦弗（Warren Weaver）于 1949 年在他的《翻译备忘录》中正式提出了"机器翻译"领域。

机器翻译的历史蕴含在人工智能的发展趋势内，主要分为四个阶段。1947 年到 1964 年是机器翻译的开创期，美国乔治城大学的研究团队完成了英俄机器翻译试验，并于 1954 年向公众展示了他们的 Georgetown-IBM 实验系统。随后机器翻译的研究呈不断上升趋势，美国与苏联以及欧洲国家均对机器翻译项目提供了大量的资金支持。1964 年，美国科学院成立了语言自动处理咨询委员会，对机器翻译的研究进展开启了两年的综合调查分析与测试，并于 1966 年 11 月公布了一份题为《语言与机器》的报告，发现实际进展缓慢，十年的研究未能达到预期，建议停止对该项目的资金支持。随后到 1975 年左右，机器翻译一直处于受挫期，相关研究陷入了近乎停滞的僵局。1975 年到 1989 年可看作机器翻译的恢复期，科学技术的发展与日趋频繁的信息交流为机器翻译的恢复提供了相应的需求与技术保证，相关项目又逐渐发展起来。1990 年至今是机器翻译研究的新时期，互联网的普及使得数据量激增，统计方法得以发挥作用，许多互联网公司都研发了基于互联网大数据的机器翻译系统，如谷歌翻译、百度翻译等。近年来深度学习技术的发展也促进了机器翻译的进步。

人工翻译的过程可以被描述为两个步骤：一是对原始文本解码以获取其含义，二是在目标语言中重新编码该含义。这个过程表面看来比较简单，但背后涉及复杂的认知操作。为了解析原始文本的含义，翻译者要能够解释与分析文本的所有特征，这需要对原始语言的语法、语义、句法、习语等知识以及说话人的文化背景有深入的了解。另一方面，为了将含义用目标语言合理地表示，翻译者对于目标语言也要有同样的深入认识。

机器翻译系统从工作原理上主要可分为三种：一是基于规则的由词典与规则库构成知识库，根据研究的重点一般又可以分为词汇型、语法型和语义型，词汇型以双语词典间的词汇转换为中心，语法型侧重于用代码的结构标志来指示自然语言的结构，语义型则看重语言的语义表示；二是基于统计的有标注的语料库作为数据源，以统计规律取代词典与规则，该方法认为将原始语言的句子翻译为目标语言的句子是一个概率问题，任一个目标语言句子都可能是原始语言句子的译文，只是概率不同，而基于统计的机器翻译的目标就是找到概率最大的句子，谷歌的在线翻译系统就是采用的该技术；三是基于人工神经网络的神经机器翻译，利用语料库对深度神经网络进行训练，常用的网络模型是长短时记忆循环神经网络，通过训练该模型能够选择性地"记住"比较重要的词，将其影响保存较长时间，同时可以"遗忘"一些无关紧要的词，使得机器翻译从简单的字面匹配进一步深入到语义理解的层面，目前百度与谷歌的在线翻译系统都使用了神经网络模型。谷歌在 2016 年的文章《谷歌机器翻译系统：架起人工翻译与机器翻译的桥梁》中指出，相对于谷歌原来的基于短语的翻译系统，基于神经网络的机器翻译系统可以将翻译错误平均降低 60%，这无疑是深度学习技术的应用所带来的又一重大突破。

随着人工智能技术的进步，机器翻译系统的性能也会得到改善。而机器翻译的进一步发展要面对的一系列问题，需要计算机专家、语言学家、心理学家、逻辑学家和数学家们共同努力解决。

聊天机器人

聊天机器人是可以通过文本或语音进行对话的计算机程序。通常这样的程序的设计目标是，能够以一种令人信服的方式模拟会话人类的行为，至少暂时性地让一个真正的人类认为他在和另一个人类聊天。

聊天机器人在对话系统中有多种用途，包括客户服务或信息获取。有些聊天机器人使用复杂的自然语言处理系统，许多较简单的系统侧重于扫描输入信息中的关键字，然后根据关键字或话语模式的相似度匹配，从数据库中获取回复。

聊天机器人主要有两种类型，一种是基于一组规则的，一般能力有限，类似传统的程序；另一种更高级的版本使用人工智能技术，不仅能理解命令，还能理解自然语言，并能够在与人类的会话中不断学习从而变得更加"聪明"。

1950 年，阿兰·图灵在其著名文章《计算机器与智能》中提出了经典的图灵测试用作智能的评价标准，该标准取决于程序在与人类实时书面对话中体现出的模仿人类的能力，若人类只根据会话内容无法判断对面是程序还是人，则该程序就通过了图灵测试。

1966 年，麻省理工学院的约瑟夫·魏泽鲍姆基于关键词匹配开发出了第一个聊天机器人 ELIZA，可以模仿临床治疗中的心理医生。它似乎能够误导用户相信他们正在和一个真正的人交谈。魏泽鲍姆本人也对 ELIZA 的表现很吃惊，不过并未声称 ELIZA 是真正智能的。ELIZA 的关键操作包括识别输入中的提示词与短语，以及输出相应的预先准备或预先编程的回复，使之能以一种有意义的方式推进会话。如若输入中包含词语"妈妈"，则回复"告诉我关于你家庭的更多信息吧"，因此这样的简单处理也会让人产生错觉。类似的系统还有 1972 年的 PARRY。1990 年美国科学家休·勒布纳（Hugh Loebner）设立了一个人工智能年度比赛——勒布纳奖，用于奖励最像人类的聊天机器人。比赛最初由勒布纳与美国马萨诸塞州剑桥行为研究中心联合发起，该奖项的设立在人工智能领域有些争议，其中马文·明斯基称之为宣传性噱头而无益于该领域的发展。1995 年，理查德·华勒斯（Richard S. Wallace）博士开发了人工语言在线计算机实体系统（ALICE），该系统在 2000 年、2001 年和 2004 年三夺勒布纳奖。ALICE 使用了被称为 AIML 的标记语言，该语言目前仍在移动端的虚拟助手开发中被广泛使用。和 ELIZA 一样，ALICE 仍然基于没有任何推理能力的模式匹配技术，被认为是同类型聊天机器人中性能最好的系统之一。另一个聊天机器人 Jabberwacky 可以在与用户的交互中实时学习新的响应与上下文。一些近年来的聊天机器人如 2009 年勒布纳奖获得者 Kyle 也结合实时学习和进化算法，能够基于对话来优化自身的沟通能力。近年来逐步流行的深度学习技术也被用于聊天机器人的构建与开发，多数采用 Encoder-Decoder 框架，这是一种端对端的对话系统，可以从用户的原始输入直接生成系统回复，即对输入句子首先通过 Encoder 网络进行编码，然后再通过 Decoder 网络进行解码，编码之前的信息对应输入，解码后的信息对应输出。

近来有不少基于聊天机器人的应用涌现出来，根据应用场景大致可分为在线客服、娱乐、教育、个人助理与智能问答五类。在线客服聊天机器人可以与用户进行一些基本的沟通并自动回复一些有关产品或服务的问题。娱乐聊天机器人可以同用户进行一些开放型主题的对话，如微软的"小冰"。教育聊天机器人一般会根据教学内容构建相应的会话结构。个人助理聊天机器人可以向用户提供一些事物查询与代理功能，如天气查询、短信收发、智能搜索等，代表性的有苹果公司的 Siri。智能问答聊天机器人可以回答用户提出的一些事实类问题和逻辑推理型问题，以提供信息或辅助用户进行决策，如 IBM 的 Watson。随着相关人工智能技术的进步，我们可以期待，更加通用、更富人性化的聊天机器人可以走入人们的

生活。

四、计算机博弈

人工智能中的"博弈"通常专指博弈论专家研究的有完整信息的、确定性的、轮流行动的、两个游戏者的零和游戏。博弈是人工智能最早承担的任务之一。

早在1950年计算机刚可以编程时，康拉德·楚泽（Konrad Zuse，第一台可编程计算机和第一种程序设计语言的发明者）、克劳德·香农（信息论的创始人），诺伯特·维纳（Norbert Wiener，现代控制理论的创始者）和阿兰·图灵就开始研究能下国际象棋的程序了。从那时起计算机博弈水平不断提高，到现在计算机在跳棋、黑白棋、国际象棋和双陆棋中已经超越人类，而谷歌旗下DeepMind团队开发的人工智能AlphaGo程序对战围棋世界冠军李世石的胜利更是宣告了人类智能在棋牌游戏的最后一块优势阵地也已经不复存在。

如同人工智能的许多研究领域一样，计算机博弈的问题求解过程也可以抽象为一个搜索过程，在竞争的环境中，双方个体的目标是冲突的，于是就引出了对抗搜索的问题，通常被称为博弈。为了进行搜索，首先要建立问题的形式化定义，状态空间表示法就是用来表示问题及其搜索过程的一种方法。状态空间表示法是用"状态"和"算子"来表示问题的一种方法，状态用来描述问题求解过程中不同时刻的状况，算子则表示对状态的操作，算子的使用会使问题由一种状态转移为另一种状态，当到达目标状态时，由初始状态到目标状态所用算子的序列就是问题的一个解。对于目标状态或终止状态的测试也是问题需要考虑的一部分，即给定一个状态，要能够确定其是否为目标状态或终止状态。例如，在国际象棋中，目标是要达到一个被称为"将死"的状态，即对方的国王在己方的攻击下已经无路可逃的状态。

状态空间搜索问题可进一步形式化为图搜索问题，图中的节点表示状态，所有的节点构成状态空间，起始节点（集）与终止节点（集）分别对应初始状态（集）和目标状态（集），节点与节点之间的弧是操作算子，弧的权值对应操作的代价。对于"操作算子"的描述，最常见的形式化是使用一个后继函数 Successor（x），给定一个特殊状态 x，Successor（x）会返回一个有序对＜行动，后继状态＞组成的集合，其中每个状态都是状态 x 下的合法行动之一，每个后继状态都是在应用操作后从状态 x 能够到达的状态。

对于状态空间的搜索，常用的搜索技术是使用显式的搜索树。搜索树是由初始状态和后继函数共同产生的，同时也定义了状态空间，即指定了起始节点集（初始状态）以及节点如何扩展（后继函数），那么整个节点图也可以推导出来。注意到状态空间和搜索树的区别是很重要的，例如对于寻径问题，若在状态空间中只有 20 个状态，每个状态对应一个城市，但在该状态空间中有无数条路径，所以搜索树有无穷个节点。

状态空间图通常被视为要输入到搜索程序的显式的数据结构，人工智能领域中的状态空间图是由初始状态和后继函数隐含地表示的，经常是无限的（搜索树），它的复杂度根据以下三个值来表达：分支因子 b（节点后继的最大个数），最浅的目标节点的深度 d，状态空间中任何路径的最大长度 m。时间复杂度一般根据搜索过程中产生的节点数目来度量，而空间复杂度则根据在内存中储存的最大节点数来度量。例如，国际象棋的平均分支因子大约是 35，一盘棋一般每个游戏者走 40 步，所以搜索树大约有 3580 或者 10123 个节点（尽管状态空间只有 1040 个不同的节点）。

深蓝与 AlphaGo 作为计算机博弈的两个重要的例子，我们将分别对其进行介绍。

Ⓐ 名人堂

诺伯特·维纳

诺伯特·维纳（1894—1964），美国数学家和哲学家、麻省

理工学院数学教授。维纳被认为是控制论的发起者，对工程、系统控制、计算机科学、生物学、神经科学、哲学等学科发展有深刻影响。

维纳的父亲是一个波兰犹太移民，母亲是德国犹太人。他的父亲是哈佛大学斯拉夫语言专业的讲师，用自己的高压方法培养了维纳。维纳凭着自身的才华和父亲的培养，成了一名天才儿童。1903 年，15 岁的维纳获得学士学位，之后进入哈佛大学学习动物学。一年后，他转到康奈尔大学哲学系就读。1912 年，维纳 18 岁时，获得了数学逻辑博士学位。

随后他前往剑桥师从罗素和哈代，1914 年又前往德国哥廷根向数学家大卫·希尔伯特（David Hilbert）和埃德蒙·兰道（Edmund Landau）求学。从 1915 年到 1916 年，他在哈佛大学教授哲学，之后为通用电气和美国百科全书工作。他在剑桥和哥廷根期间主要研究布朗运动、傅里叶变换、调和分析、狄利克雷问题和陶博定理。1929 维纳指导在贝尔电话公司从事研究的博士生李郁荣研发了李-维纳网络并获得美国专利。1935 年维纳应清华大学校长梅贻琦和数学系主任熊庆的邀请，到清华大学讲学，主讲傅立叶变换，听讲者包括华罗庚、段学复等。在第二次世界大战中，为了研究火力控制问题，他对通信理论和反馈产生兴趣。1948 年，维纳出版了《控制论：或关于在动物和机器中控制和通信的科学》一书，标志着控制论的诞生。

AI 名人堂

克劳德·香农

克劳德·香农（1916—2001），美国数学家、电气工程师、密码学家，被誉为"信息理论之父"。

香农出生在密歇根州盖洛德，他生命的头16年的大部分时间在这里度过。他最好的科目是科学和数学，他在家里制造了一个模型飞机以及无线电控制的模型船。1932年，香农进入密歇根大

学，他于1936年毕业于两个本科学位：电气工程和数学。1936年，香农成为麻省理工学院的电气工程研究生，这期间他设计了基于Boole概念的开关电路。1937年，他写了他的硕士学位论文，关于继电器和开关电路的符号分析。使用电气开关的这种属性来实现逻辑是所有电子数字计算机基础的基本概念，香农的工作成为数字电路设计的基础。

第二次世界大战期间，香农加入贝尔实验室，从事火力控制系统和密码学的研究。香农关于密码学的工作与他以后的关于传播理论的工作更密切相关。在战争结束时，他编写了一份题为《密码学的一个数学理论》的实验室备忘录，日期为1945年9月，本文的解密版本于1949年出版于贝尔的系统技术杂志《通信理论的保密系统》。

1948年，香农发表了划时代的论文《通信的数学原理》，提出了信息熵作为消息中不确定性的度量，开启了信息理论领域的

研究，奠定了现代信息论的基础。1951 年，香农在他的文章《标准英语的信息熵及预测》中，计算了英语统计上的熵的上卜限，为语言分析提供了统计基础信息理论，对自然语言处理和计算语言学的进一步发展作出基础贡献。

深蓝

1997 年 5 月 11 日这一天，对于很多人而言是至今难忘的，一台名叫"深蓝"（Deep Blue）的计算机战胜了欲捍卫世界冠军称号的卡斯帕罗夫，此举震惊了国际象棋界。

深蓝计划源自许峰雄在美国卡内基梅隆大学修读博士学位时的研究，第一台电脑名为"芯片测试"，在州象棋比赛中获得了不错的名次，后来又研制了另一台电脑"沉思"。许峰雄与默里·坎贝尔（Murray Campbell）于 1989 年加入 IBM 研究部门。托马斯·安纳萨尔曼（Thomas Anantharaman）后来也参加了该项目，但随后离开团队。IBM 研究部门的长期雇员杰里·布洛迪（Jerry Brody）于 1990 年被该团队聘用。1992 年，IBM 委任谭崇仁为超级电脑研究计划主管，领导研究小组开发专门用来分析国际象棋的深蓝超级电脑。

在 1989 年"沉思"与卡斯帕罗夫比赛后，IBM 举办了一场比赛，该国际象棋电脑被重命名为"深蓝"。1996 年 2 月，深蓝首次挑战国际象棋世界冠军卡斯帕罗夫，但以 2：4 落败。其后研究小组把深蓝加以改良，1997 年 5 月再度挑战卡斯帕罗夫。比赛在 5 月 11 日结束，最终深蓝以 3.5：2.5 击败卡斯帕罗夫，成为首个在标准比赛时限内击败国际象棋世界冠军的电脑系统。IBM 在比赛后宣布深蓝退役。

深蓝是一台并行计算机，它由 30 个 IBM RS/6000 处理器来运行"软件搜索"，480 个定制的 VLSI 国际象棋处理器执行生成行棋的功能（包括行棋的排序）、搜索树的最后几层的"硬件搜索"以及叶节点的评价，平均每秒可以搜索 12.6 亿个节点，峰值时可达 33 亿个节点，每步棋能生成多达 300 亿个棋局，一般的搜索深度是 14 步。深蓝的核心算法是使用调换表的标准的迭代深入 α—β 搜索算法，但是成功的关键应该是它对于足够感兴趣的行棋路线有很深的搜索能力，在某些情况下可以达到 40 层深度。接下来我们对 α—β 搜索算法的原理进行介绍。

现在我们考虑两个游戏者 MAX 和 MIN，MAX 先行，然后两人轮流出招，直到游戏结束，最后给优胜者加分，给失败者罚分。在一般的搜索问题中，最优解是能够抵达目标状态的一系列招数。对于 MAX 而言，要最大化棋局对于己方的效用值，对于 MIN 而言则是最小化棋局对于 MAX 的效用值（等价于最大化棋局对于己方的效用值）。由于双方轮流行动，所以 MAX 必须找到一种搜索策略，首先是初始状态下所采取的招数，然后是对 MIN 的每种可能的应对所采取的招数，以此类推。在对手不犯错误时，最优策略能够生成至少不比任何其他策略差的结果，若对手犯了错误，原来的结果会更优。

图 6-2 是一棵简单的博弈树，在初始状态（根节点）下 MAX 的可能招数被标为 w1、w2 和 w3。对于 w1，MIN 可能的对策有 b1、b2 和 b3，以此类推。这个特别的游戏只有一个回合，在 MAX 和 MIN 各走完一步后结束，按照博弈的说法，这棵博弈树的深度是一步，包括两个单方招数，每一个单方招数称为一层，游戏终止状态的效用值的范围是从 2 到 14。给定一棵博弈树，最优策略可以通过检查每个节点的极小极大值决定，对于 MAX 而言就是该状态节点的效用值，节点 n 的极小极大值记为 MinMax-Value（n）。若 n 是最后一层节点（终止状态），则其 MinMax 值为节点的效用值；若 n 为 MAX 层节点，则其 MinMax 值为下层节点的 MinMax 值的最大值；若 n 为 MIN 层节点，则 MinMax 值为下层节点的 MinMax 值的最小值。在最底层的终止节点标有其效用值，根据 MinMax 值的更新规则，对底层取小可以得到 MIN 层的 X、Y 与 Z 的取值分别为 3、2、2，进而对 MIN 层取大可以得到 W 的取值为 3（根节点的极小极大值）。根据博弈树各节点的 MinMax 值可知，MAX 方选择 w3 是最优操作，因为它能够生成具有最高 MinMax 值（对 MAX 方而言是效用值）的

后继节点。

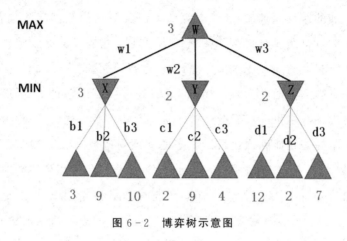

图 6-2　博弈树示意图

更新 MinMax 值的极小极大值算法可以用递归实现，递归算法自上而下一直深入到搜索树的叶节点，然后在递归的回溯过程中对上层各节点的 MinMax 值进行回传计算（MIN 层取小、MAX 层取大）。若树的最大深度为 m，每个节点的分支为 b 个，则搜索算法的时间复杂度为 O（bm），这样的时间开销是不实用的。算法要考察的状态随着层数的增加呈指数增长，通过一些技巧可以将其减半，即无需遍历搜索树的所有节点就可以计算出正确的 MinMax 值，这里要采用的技术是 α−β 剪枝。由极小极大值算法的原理可知，节点的 MinMax 值是按照自下而上的路径更新的，α 表示路径上 MAX 层某分支点到目前为止的极大值，β 则表示路径上 MIN 层某分支节点到目前为止的极小值。其基本原理如下，要计算某节点的 MinMax 值，首先要用本层已考察完毕的兄弟节点的 β（或 α）更新父节点的 α（或 β），然后用父节点的 α（或 β）剪枝本节点的子树。再以上图为例，假设 MIN 层的 X 节点已经考察完毕，则可计算其 β 值为 3，进而可以更新 MAX 层节点 W 的 α 值为 3；接下来要考察 Y，用 c1 分支可以更新节点 Y 的 β 值为 2，可以发现 Y 的 β 值小于父节点 W 的 α 值，因此节点 Y 的剩余分支（c2 和 c3）可以直接被剪掉；接下来要考察节点 Z，考察分支 d1 后可以将 Z 的 β 值更新为 12，考察分支 d2 后进而可以将 β 值更新为 2，小于父节点 W 当前的 α 值，因此剩下的 d3 分支可以被剪掉。α－β 剪枝的效率与后继的检查顺序有关，例如对于上图的节点 X，若先考察 c2 与 c3 最后考察 c1 则不能剪掉任何后继，若能够先考察最好的后继，则 α－β 算法要确定最佳招数只需考察 O（$b^d/2$）个节点，而极小极大值算法需要考察的节点数为 O（b^d），即有效分支因子从 b 变为 $b^{1/2}$，对国际象棋来说相当于由 35 变为 6，在同样时间里能够预测大约两倍的回合数，在国际象棋中利用简单的行棋排序（如先吃子、后威胁、向前走、向右走）可实现 O（$b^d/2$）的 2 倍以内的结果，再结合一些动态排序机制可以接近理论极限。

由于"调换"情况的存在，即不同的行棋序列可以得到同样的棋局，重复的状态会在游戏中反复出现，使得搜索代价指数级增长，所以第一次遇到某棋局时把其评价存在一个哈希表里是值得的，这个哈希表一般被称为"调换表"。使用调换表能够提高算法的动态性能，有时可以把国际象棋的搜索深度扩大一倍，但另一方面，若我们每秒能够评价几百万的节点，那么保存所有棋局的评价就不实用了，而为了只保留那些最有价值的节点，人们使用过许多不同的策略。

通过上面对极小极大值算法以及 α－β 算法的介绍，我们了解到前者需要生成整棵搜索树，后者虽然能够剪裁其中的一大部分，但仍需考察到终止状态（搜索树的底层），而这样的搜索深度在实际中由于时间限制往往是不可行的。1950 年，香农提出应该尽早截断搜索，通过引入启发式评价函数考察状态节点，能够有效地将非终止节点转化为终止节点。对于给定的棋局，评价函数可以返回对该状态的期望效用的估计值，即以前只能先评价终止节点的效用值，现在则可以用启发式的评价函数直接估计中间节点的 MinMax 值，以前需要对终止状态进行测试，现在则是要考察节点是否满足截止测试的要求。最直接的截断策略是设置一个固定的深度限制，大于该深度的节点满足截止测试的要求。为了能够深入考察感兴趣的棋局（能够影响局势的回合），我们需要考虑更加复杂的截断测试条件，评价函数应该只用于那些静止的棋局（即在很近的未来不会出现较大的摇

摆变化的棋局），如有很好吃招的棋局一般不是静止的，对于这样的棋局，我们希望能够将其一直扩展到静止的棋局，这样的扩展搜索称为"静止搜索"。

结合以上所讨论的技术，博弈程序能够取得比较好的性能。假设一个国际象棋的博弈程序已经具有了一个启发式的评价函数、能够使用静止搜索的阶段测试以及一个很大的调换表，每秒能够生成与评价大约一百万个节点（最好能使用超级计算机），每步棋（三分钟）可以搜索大约 2 亿个节点。国际象棋的平均分支因子为 35，而 35 的 5 次方大约是 5 亿，所以极小极大值算法只能预测 5 层，略低于平均水平的人类棋手（偶尔可预测 6 到 8 层）。使用 α－β 搜索后可以预测约 10 层，接近专业棋手的水平了。附加一些剪枝技术可以有效地扩展到 14 层，要达到大师级别的水平需要进一步调整评价函数，而且需要一个包含最优开局和残局招式的大型数据库。深蓝的评价函数使用了超过 8000 个特征，多用来描述一些独特的棋子模式，另外还使用了一个有 4000 个棋局的"开局库"以及一个包含 70 万个大师级比赛棋谱的数据库，可以从中提取综合的建议。同时系统还使用了一个大型的残局数据库用来保存已解决的棋局，包括 5 个棋子的全部棋局和 6 个棋子的很多棋局，这个数据库扩展了有效搜索的深度，使得深蓝在某些情况下表现完美。

深蓝的成功强化了一个人们广泛支持的信念——计算机博弈水平的进步主要源自更强有力的硬件，这也是 IBM 所倡导的。但另一方面，深蓝的缔造者们还指出搜索的扩展与评价函数也是至关重要的，一些算法改进使得在标准个人计算机上运行的程序能够战胜那些能多搜索 1000 倍节点的大型并行计算机。2002 年，代号"巴林智力赛"的人类与计算机世界象棋大赛在跌宕起伏的 8 局过后，世界象棋冠军瓦拉迪米尔·克拉姆尼克（Vladimir Kramnik）与计算机"深奥的德国人"（Deep Fritz）4：4 战平。由于比赛使用的是一台普通的个人电脑，所以条件对人更为有利。在谈到与机器和与人比赛的区别时，克拉姆尼克说："对付电脑时，你会觉得，哪怕只犯一个错误，就会完蛋，就像穿越雷区，你得时刻提防对方的战术。此外，电脑的反应更快，与电脑对弈节奏很快，压力更大。"

AlphaGo

AlphaGo 是由英国伦敦的谷歌 DeepMind 开发的人工智能围棋程序。在 1997 年深蓝击败卡斯帕罗夫之后，经过了 18 年的发展，具有最高棋力的围棋程序才大约能够达到业余五段围棋棋士的水平，而且在不让子的情况下仍旧无法击败职业棋士。2015 年 10 月，AlphaGo 以 5∶0 完胜欧洲围棋冠军、职业二段选手樊麾，成为第一个无需让子就可在 19 路棋盘上击败职业棋士的电脑围棋程序。2016 年 3 月，AlphaGo 挑战世界围棋冠军李世石，最终以 4∶1 的总比分取得了胜利，成为第一个不借助让子而击败围棋职业九段棋士的围棋程序。2016 年 12 月，在中国弈城围棋网上 AlphaGo 程序以代号"Master"连续 60 次战胜古力、朴廷桓等人类顶尖棋手。2017 年 5 月 AlphaGo 围棋程序又以 3∶0 完胜世界排名第一的棋手柯洁，并在 2017 年年底宣布其自学习版本 AlphaZero 在围棋、日本将棋、国际象棋领域均战胜此前最强的棋类电脑程序。

2012 年，围棋程序 Zen 在对方让 5 子和让 4 子的情况下两次战胜了日本九段棋士武宫正树。2013 年，Crazy Stone 在对方让 4 子的情况下击败了日本棋士石田芳夫。与之前的电脑围棋程序相比，AlphaGo 的性能有了显著的提升，在和 Zen、Crazy Stone 等其他的围棋程序的 500 局的对弈中，单机版的 AlphaGo 仅输掉 1 局，而分布式版的 AlphaGo（运行在多台计算机上）在另外的 500 局比赛中全部获胜，而且对于单机版的 AlphaGo 有 77％的胜率。2015 年 10 月的 AlphaGo 的分布式版本采用了 1202 块 CPU 和 176 块 GPU。

对于国际象棋而言，如前所述，其搜索树的分支因子 b 约为 35，树的深度约为 80 层，状态节点数在 10123 的量级；而围棋搜索树的分支因子 b 约为 250，树的深度约为 150，状态节点数更是达到 10359 的量级。对于国际象棋我们尚不能采用遍历搜索树的方式来求解（采用各种剪枝技术

的深蓝超级电脑也只能预测 14 层左右），对于具有更为巨大的状态空间的围棋，搜索树的遍历乃至传统的 α-β 剪枝和启发式搜索都难以奏效。为了减小有效的搜索空间，有两条一般性原则：一是借助位置评估函数来减小搜索的深度，即通过将状态节点 s 下的子树用近似的估值函数 v（s）（预测状态 s 的结果）代替，可以在状态 s 处截断搜索树，采用该方法的国际象棋、跳棋、黑白棋的弈棋程序已经取得了超越人类的性能，但仍旧难以应对围棋的复杂性；二是通过从策略 p（a｜s）中对动作 a 进行采样来减少搜索树的宽度（分支因子数），其中策略 p（a｜s）指定了在状态 s 下可能采取的动作 a 的概率分布，例如蒙特卡洛走子通过使用弈棋双方的策略 p 对动作序列进行采样，可以在完全不考虑分支的情况下搜索到最后一层，而对于多次这样的走子进行平均估算可以提供一个有效的位置评估，在西洋双陆棋中能够实现超越人类的性能，在围棋程序中也能达到较弱的业余水平。蒙特卡洛树搜索使用蒙特卡洛走子来估计搜索树中每个状态节点的值，随着仿真次数的增加，搜索树会生长得很大，同时对于相关状态的估计也更加精确，而且动作选择策略也会在该过程中得到改善（选取具有最高值的子节点）。

　　在 AlphaGo 之前最强的围棋程序也是基于蒙特卡洛树搜索的，而且采用能够预测人类专家动作的策略来增强算法性能，这些策略能够将搜索空间压缩到一束具有高概率的动作集，然后在蒙特卡洛走子中对这些动作进行采样，然而这些先前的工作通常受策略与值函数的限制，其模型一般是基于输入特征的线性组合。而深度卷积神经网络最近在计算机视觉领域已经取得了前所未有的成就，如图像分类、面部识别等。深度卷积神经网络采用多层神经元，每一层采用许多重叠的滤波器，通过多层对图像构建越来越抽象的局部表示。在 AlphaGo 中也采用了类似的结构，围棋的棋盘位置用 19×19 的图像表示，神经网络的引入有效地减少了搜索树的深度与宽度，即使用估值网络来评估节点状态，使用策略网络来对动作采样。

　　AlphaGo 系统线上对弈时的工作机理主要依赖于四个部分：一是策略网络，用于预测给定局面下的走棋；二是走子策略，目标和策略网络相同，但用途是用于盘面估计，在适当牺牲走棋质量的条件下，其速度比策略网络快 1000 多倍；三是估值网络，用于估计给定局面下的胜方；四是蒙特卡洛树搜索，在状态搜索中将前三部分融合进来，构成系统的主体框架。接下来我们对 AlphaGo 的各部分进行介绍。

策略网络 pπ（a｜s），使用一个 13 层的深度卷积神经网络实现，该网络把当前棋局作为输入，预测下一步的合法走棋的概率分布。若棋盘上的 361 个点都合法，则给出所有 361 个点的概率。该网络通过监督学习训练，数据集取自 KGS 围棋服务器上的 3000 万个棋局，每个棋局数据是一个状态-动作对（s，a），表示围棋专家在局面状态为 s 时采取动作 a。训练后的策略网络能够较好地预测专家的走棋，AlphaGo 能够实现 57％的预测准确率，而之前的其他研究组的最优程序的预测准确率为 44.4％，该网络预测一个局面的走棋需要 3 毫秒。

走子策略 pπ（a｜s）的原理和之前其他研究者的工作类似，能够对给定局面下的走棋快速预测，采用的模型（a linear softmax of small pattern features）是传统机器学习方法的局部特征匹配加线性回归，预测准确率为 24.2％，预测一个局面的走棋只需 2 微秒，比策略网络快 1000 多倍。走子策略在 AlphaGo 中用于评估棋局，而该用途正是其速度优势的保证。如前面所述，由于围棋的搜索空间非常巨大，要遍历整棵搜索树是不现实的，而通过结合蒙特卡洛树搜索与走子策略，我们可以对棋局进行估计，虽然单次估值的精度较低，但我们可以多次模拟计算平均值。

估值网络 vθ（s）是 AlphaGo 用于评估棋局的另一个工具，也是用一个深度卷积神经网络实现的，网络结构类似于策略网络，只是输出的是一个标量，用于表示输赢状况。该网络的训练数据与策略网络不同，取自一个基于强化学习的策略网络的自我对弈的棋局，而这个自我对弈的策略网络用第一部分的策略网络初始化，并通过强化学习来提升性能。为了防止数据过拟合，训练数据的 3000 万个盘面分别取自不同的棋局，而且对于每局中样本的选取也比较讲究，首先用基于监督学习的策略网络保证走棋的多样性，然后随机走子，再取盘面作为样本，最后用更精确的基于强化

学习的策略网络走到底以保证胜负估计的精确性。另一个 Facebook 的电脑围棋程序黑暗森林（DarkForest）的研究者田渊栋博士指出，估值网络的训练没有借助考虑局部特征走子策略（或局部的死活/对杀分析），纯粹源自暴力训练，这在一定程度上说明了深度卷积神经网络有能够将问题分解为子问题，并分别解决的能力。

最后一部分是蒙特卡洛树搜索，该部分将以上三部分结合起来。策略网络用于对给定的局面的走棋采样，而走子策略和估值网络则用于在树搜索过程中对截断的叶节点进行估计。在搜索到叶节点时没有立即展开，而是等到访问次数到达一定数目时才展开，这样可以避免产生过多的分支分散了搜索的注意力，同时在展开时对叶节点的盘面估值会更加准确。

对于 AlphaGo 系统的评价，我们引用卡内基梅隆大学田渊栋博士的观点作为结语："与之前的围棋系统相比，AlphaGo 较少依赖围棋领域的知识，但还远未达到通用系统的程度。职业棋手可以在看过了寥寥几局之后明白对手的风格并采取相应策略，一位资深游戏玩家也可以在玩一个新游戏几次后很快上手，但到目前为止，人工智能系统要达到人类水平，还是需要大量样本的训练的。可以说，没有千年来众多棋手在围棋上的积累，就没有围棋人工智能的今天。"

五、自动驾驶

自动驾驶汽车是一种无需人工操作即可感知环境信息并自动导航的自动化载具，一般又可称为无人驾驶汽车、自驾车或机器人汽车。自动驾驶汽车可以使用多种传感技术与计算机视觉技术来了解周围的交通状况，信息采集可以使用视频摄像头、激光雷达、激光测距仪、GPS、里程计等传感器。

近几年的新闻中经常会有关于谷歌的自驾车与特斯拉的自动驾驶仪的报道，自动驾驶也逐渐为公众所了解。自动驾驶汽车最早可追溯到 20 世纪的二三十年代，而第一辆真正意义上的自动驾驶汽车出现在 20 世纪 80

年代，如 1984 年卡内基梅隆大学的 Navlab 和 ALV 项目，1987 年梅赛德斯-奔驰与德国慕尼黑联邦国防大学所推行的尤里卡普罗米修斯计划。此后，许多大型公司与研究机构都开始投入自动驾驶汽车原型机的研究。2011 年 6 月，美国内华达州通过了一项授权使用自驾车的法律，成为世界上第一个允许自动化载具在一般道路上合法行驶的行政区域，其中"自动化载具"在法律中的定义为"整合了人工智能、传感器与全球定位系统等技术而能够在无需人工控制的条件下自动驾驶的机动交通工具"。截至 2013 年，美国已有 4 个州（内华达州、佛罗里达州、加利福尼亚州与密歇根州）与哥伦比亚特区制定了相关法律用以处理自动化载具，英国政府与法国政府分别于 2013 年与 2014 年允许自动驾驶汽车在一般道路上进行测试。

自动驾驶汽车有很多的潜在好处，如大幅减少因为行车距离过近、分心驾驶与危险驾驶等人为因素导致的交通事故，减少所需安全间隙、更好地管理交通流量以减少交通拥堵，方便老年人、残疾人与低收入人群的出行，减轻出行者的驾驶与导航工作，使得人们可以在上下班时间能够休闲或工作，减少燃料消耗与空气污染，同时可促使交通服务领域产生一些新的商业模式，如汽车共享等，有助于减少汽车数量。虽然自动驾驶汽车的好处多多，但其广泛应用仍面临很多障碍，除了技术上的挑战外，还有关于责任的争议，需要考虑的问题有损害赔偿责任，用户对汽车安全性的关注与对失去控制权的抵制心理，相应法律法规的制定与实施，隐私保护或相应安全风险（如黑客或恐怖主义）的管控，道路运输业的有关职业会受到影响等。

2014 年，美国汽车工程师协会发布了一个含有六个等级的分类系统，相对于车辆的能力，该系统是基于对驾驶员的干预程度与注意力需求的考量。美国国家公路交通安全管理局也于 2013 年发布了一个正式分类的系统，不过在 2016 年改用 SAE 标准了。SAE 标准包括六个等级：等级 0，自动化系统除了可能会发出警告外不会控制车辆，驾驶员对车辆有完全的控制权；等级 1，驾驶员要随时准备控制，自动化系统可以包括自动巡航

控制、具有自动转向的停车辅助以及车道保持系统；等级 2，驾驶员要能够关注周围对象与事件、可以随时接管控制，并在自动化系统失效时及时做出响应，自动化系统能够执行加速、制动与转向动作；等级 3，在已知的有限环境中（如高速公路），驾驶员可以从驾驶任务中转移注意力；等级 4，除了少数的环境（如恶劣天气）外，自动化系统都可以控制车辆，驾驶员要在安全情况下才能启动该系统，启动后则不再需要驾驶员的关注了；等级 5，除了设置起始点与目的地外，无需人为干预，自动化系统可引导车辆移动到任何合法位置。

沃尔沃公司也根据自动化水平将自动驾驶分为四个阶段：一是驾驶辅助系统，可以为驾驶者提供一些重要的或有益的信息，在危急情况下发出明确而简洁的警告，如车道偏离警告；二是部分自动化系统，可以在驾驶员收到警告却未能及时行动时自动干预，如自动紧急制动和应急车道辅助等；三是高度自动化系统，能够在或长或短的时间内完全接管驾驶任务，但仍需驾驶者的监控；四是完全自动化系统，允许成员从事其他活动且无需监控的系统。

自动驾驶汽车仍未全面商用化，大多数均为原型机或展示系统。2016 年 6 月 30 日，一辆特斯拉汽车在佛罗里达州与一辆拖挂卡车相撞，导致驾驶员丧生。特斯拉官方确认后，认为该车在自动驾驶模式下没有识别出变道的卡车，导致悲剧发生，该事件由此也一度被媒体引用为特斯拉全球第一起自动驾驶致死事件。特斯拉称自动驾驶是辅助功能，尚在公共测试阶段，需要驾驶员的监控。作为一项新技术，自动驾驶是当前汽车行业的研究热点，但有很多人认为自动驾驶技术仍不成熟，对于交通状况的诸多因素、特别是突发事件的判断，自动驾驶系统仍无法与驾驶员相比。

自动驾驶系统的决策需要对输入信息进行分析与处理，对于摄像头采集的图像信息，一般首先需要对图像中的对象（如道路、树木、行人等）进行识别，而深度学习技术使得端对端的控制策略可以被引入自驾系统，可以直接根据输入图像生成决策。随着人工智能技术的进步，自动驾驶系统将能够在更加复杂的环境下进行信息处理与决策，问题的解决离不开相关领域学者与工程师的共同努力。

六、虚拟现实（VR）与增强现实（AR）

相信经常关注 IT 领域新闻的人们对 VR 和 AR 这两个名词都不是很陌生，几年前，VR 和 AR 突然"横空出世"，走入了大众的视线。那么，什么是 VR（虚拟现实技术）和 AR（增强现实技术）呢？它们的应用场景是什么？未来发展又会这样呢？

虚拟现实技术（VR）

虚拟现实（VR），又称虚拟实境，是指用计算机来模拟生成的一个三度虚拟世界，将多源信息融合，为使用者提供关于视觉、听觉、触觉等感官的模拟，让使用者"身临其境"。

得益于三维游戏和人工智能的发展，VR 逐步被应用到游戏、娱乐、医学、军事、房产、车辆等领域当中。目前来说，VR 最大的需求来自于创造性经济领域的行业，例如：游戏、现场活动、视频娱乐和新零售。早在 20 世纪 90 年代初期，一款名为"Virtuality 1000CS"的虚拟现实头盔就被推出，虽然在当时没有得到相应的重视，但是为以后的发展埋下火种。随着 2012 年 Oculus 公司被 Facebook 天价收购，游戏开发平台 Unity 推出的 Oculus 眼镜引擎，吸引了众多开发者投身到 VR 游戏的开发中。2014 年谷歌推出 Google Cardboard，以其较为低廉的价格，降低 VR 游戏门槛，使 VR 正式推广到大众中去。到 2017 年，中国的 VR 用户已超过 4000 万人。除去发展迅速的游戏和视频行业，VR 在新零售行业也得以迅速应用和推广。这一技术弥补了传统电商缺乏的"实感"体验，国内外知名电商 eBay、淘宝等都在进行 VR 推广，为顾客带来新的体验。

虽然 VR 近两年被频繁提及，但因其存在的缺陷，除游戏娱乐外，其余部分领域的试水进入瓶颈期。VR 的局限大抵有以下几种：目前的技术

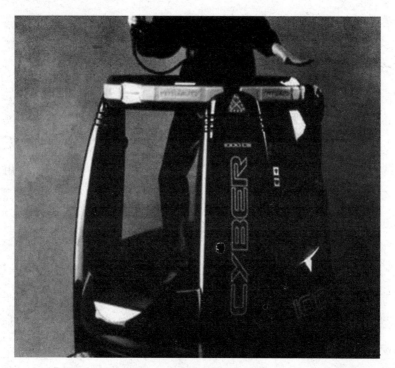

图 6 - 3　Virtuality 1000CS

图 6 - 4　淘宝 VR 购物

水平尚不能提供使用者完全的沉浸式体验，使用者并不能完全"进入"到虚拟世界，感知依旧不够真实；VR 中的输入方式和互动方式不够拟人，让人有隔阂感；同时 VR 使用的设备不够轻量，同时不能根据使用者的不同进行个性化调整，这也为 VR 的推广设置了一道屏障；且因其发展仍处于初期，业界缺乏一个统一的规范；同时受其成像技术限制，长时间佩戴 VR 设备容易使用户产生疲劳感。

总的来说，VR 属于仿真技术的一个分支，将普通的模拟感知组合扩展到三维，因此更受大众的欢迎。VR 为大众提供了一种新的感知方式，但其仍处于发展初期，对于 VR 的大面积推广，可能还需要很长的时间。

增强现实技术（AR）

增强现实技术（AR），是一种实时地计算摄影机影像的位置及角度并加上相应图像的技术，这种技术的目标是在屏幕上把虚拟世界套在现实世界并进行互动。那其与 VR 的区别在哪里呢？用户角度来考虑的话，AR 更加强调真实世界与虚拟世界的无缝连接，而 VR 则强调构造一个虚拟世界。所以二者存在一些技术领域交叉，但是又存在一定的不同。而在学术界，VR 可视为 AR 的一个子集。

图 6-5　学术界 AR 与 VR 关系图

由于 AR 与 VR 的相似性，AR 拥有部分与 VR 相似的应用领域，同时因为其独有的对真实世界的增强效果，在医疗、军事、远程控制、工业设计等领域更占优势。近两年最为大众所熟知的 AR 应用非 Pokemon Go 莫属，2016 年横空出世的这款 AR 交互式游戏一经推出就攻占多个国家 APP 榜单下载第一位，引领了一股全民走上街头捕捉精灵的风潮。女生们经常使用的 B612、天天 P 图中的动态贴纸，也是 AR 的一种。传统厂商更将 AR 引入到新型营销中，例如星巴克与阿里巴巴联合推出的咖啡营销，部分线下商铺也开始推行虚拟试衣活动，节省顾客真正试衣的时间。

图 6-6 Pokemon Go 宣传图

和 VR 一样，AR 也存在一定的局限性：除去和 VR 相似的局限性外，由于目前大部分 AR 都需要与现实做交互，现场的定位就需要较高精度，而现在 GPS 设备达不到如此高的精度，容易出现偏差；此外为了与现实相融合，景物的构建需求并不同于 VR，要求虚拟景物与真实场景密切贴合，不能有太多的疏离感，因此对 AR 提出了较高的要求；同时 AR 中所需要的实时定位和渲染对 AR 设备也提出了很高的要求。

总的来说，AR 架起了现实世界和虚拟世界的桥梁，为大众带来了不一样的感官体验。但 AR 和 VR 一样，同处于起步阶段，未来的推广和发展仍有很长的路要走，让我们拭目以待。

七、智能家居和智能养老

智能家居

智能家居，是将人工智能技术引入家居设备，实现家居物联化。近两年，智能家居产品已经开始进入国内家庭，大到家庭中常用的电视盒子和智能电视，小到有外接传感器的小夜灯和运动手环，都属于智能家居的一种。

自从 1984 年第一栋智能建筑在美国出现之后，欧美及东南亚部分发达国家先后提出多种智能家居设想。1999 年，微软发布了智能家庭宣传片，成功构想了如今典型的智能家居设计形式，片中女主可以用电脑扫描商品进行购物、用电脑远程开关门和灯，等等，而这一切在十多年后都以智能手机的形式实现了。如今，不仅有一些新兴 IT 企业如小米等结合自身技术优势进入智能家居领域，一些传统老牌家居企业如美的、海尔等也在进行相应的业务扩展。多类型企业的加入促使智能家居的业务线扩展到多个领域，常见的智能家居大体分为三类：娱乐类智能家居、安防类智能家居和控制类智能家居。

娱乐类智能家居

娱乐类智能家居系统，顾名思义，就是一类为了方便用户娱乐而设计的智能设备。常见的娱乐类智能家居包括家庭影院、多媒体音画、数字客厅等，多系统交叉为用户提供了一种多维视听感受。如今的多媒体音画系统可以为用户省去调节灯光、窗帘、空调、新风及影音设备（功放、投影机、蓝光播放机、投影幕布、投影仪支架等）的麻烦，如果用户使用移动

终端或者多功能智能触控面板，整个房子的控制就被掌握到用户的手中。

安防类智能家居

安防类智能家居，是实施安全防范控制的重要技术手段，随着大众安全意识的增加，安防技术在智能家居领域的应用也越来越广泛。据统计，2015 年我国智能监控硬件市场达 740 亿元，近两年私人智能监控家居的安装也从北上广深蔓延到全国各地，通过智能监控的网络共享，用户可以随时随地观察家中情况。此外，近两年来得益于智能家居的远程可操作性和高安全性，智能锁和智能猫眼也发展得如火如荼，用户可以通过远程监控和控制设备，来确定来访者是否进入。

控制类智能家居

控制类智能家居，是智能家居系统的重要一环，绝大部分智能家居系统和单品都需要控制类家居来进行相应的总控调节。最常见的控制类智能家居，就是灯光智能控制系统和家居中央控制系统。很多人都曾在寒冷的冬天躲在被窝里幻想过房间的灯可以用意念关掉，而不用自己下床去关，灯光智能控制系统实现了这个梦想。例如小米的 yeelight 智能灯可以通过APP 控制，也可以与手环绑定，根据手环佩戴者的睡眠状态来判断是否关灯。控制类智能家居作为智能家居业的基础环节，是这三种分类中最成熟的一类，因此也是应用最广泛的一类。

但目前的智能家居产品也存在一定的局限性：智能家居产品成本和价格还不够平民化，且产品的使用门槛不低；目前不同的智能家居产品之间没有完整统一的标准，这个状况直接导致用户配置整套智能家居设备的消费成本和使用成本升高；目前上市的智能家居缺乏击中用户痛点的需求，部分对传统家居的革新需要复杂的系统操作，为用户的使用设置了壁垒；受大众固有理念和近两年大量劣质产品涌入市场的影响，大部分用户仍旧对智能家居的安全性存疑，导致智能家居的大幅推广较难进行。

总的来说，智能家居已经开始步入百姓的生活。据统计，2016 年中

国智能家居的市场规模约为605.7亿元，预计到2018年市场规模将达到
1396亿元。虽然目前的智能家居设备存在一些不足，但是从市场规模和
大众接受度角度来看，智能家居的推行还是比较乐观的。将智能家居设计
得更加人性化，更加便捷化后，智能家居未来可期。

智能养老

近年来，受社会年龄结构变更影响，养老开始成为社会越来越关注的
问题。而现代年轻人生活压力较大，很难做到时刻陪伴在老人身边，随着
整个社会逐步信息化，智能养老的概念应运而生。

智能养老大体围绕以下几个方面展开：远程监控，通过老人房屋内预
先设置的智能家居设备，远程监控老人的行为活动，当有意外情况发生
时，用户可以及时做出反应；紧急求助，当老人发生意外时，可以通过比
较简易的操作，向子女、警方和医院发出求救，目前苹果手机的医疗卡已
可以支持相应的功能；细心呵护，举个简单的例子就是智能灯光系统，当
老人睡醒需要去别的房间时，一个一键式智能灯光比下床抹黑开灯会更加
安全；便携监测，近两年运动手环和智能手表的功能越来越多，也越来越
强大，目前可以实现血压、心跳测量和GPS定位，未来有可能将越来越
多的监测功能压缩到这些便携的设备中，并通过网络记录并共享给其他
人；隐形陪伴，通过现有的智能电话和监控，可以实现用户和老人的音画
同步，从而实现间接陪伴的功能。

虽然设计很理想，但目前我国的智能养老还处于起步阶段，进入这一
领域的企业和组织还比较少，行业标准和市场尚未成形。而智能家居的逐
步推广为智囊养老的推行奠定了基础，这种高度智能化的设备能帮助老年
人解决因身体上或行动上的不便而造成的问题，从而减轻老年人的生理、
心理负担，提高生活质量。随着养老问题越来越受重视，相信在不久的将
来，智能家居产品将造福更多老年人，让老人愉快度过晚年生活。

八、推荐系统

随着电子商务的发展，网上购物成了许多人购买各种物品的第一选择。但是不知道大家有没有注意到，现在许多购物网站都有一项"猜你喜欢"的内容，并且多数时候它推荐的东西都是我们想要购买的。其实这个小小的"猜你喜欢"个性化推荐，就包含机器学习的原理。当你登录一个购物网站的时候，你的浏览记录就会被记录到你的账户对应的数据库中，有了这些浏览记录作为训练样本，通过一些简单机器学习算法的学习，就可以大致预测出你现在想要购买什么样的商品了。有些网站经常会让你完善个人信息，比如年龄、兴趣、职业、兴趣爱好等，这些都是为了给你的账户打上标签，并利用其他跟你有相似特征的用户的购买习惯向你推荐相应的产品。从机器学习角度解释就是利用其他客户的数据作为训练样本，得到一个商品推荐模型，然后将收集到的关于另一个新客户的相关信息输入这个模型，就知道给这个新用户推荐什么样的商品会提高他购买的可能性，从而增加营业收入。同样的原理也被用于网站广告的精准投放，比如百度等搜索引擎会根据你平常浏览网页的信息，精准地给你投放相应的广告，从而提高广告营收。这些信息同样会影响你搜索某一项内容时网站给你返回结果的排序，会更加准确地将你需要搜索的信息反馈给你。比如，你一直在搜索手机相关的信息，然后突然搜索一个苹果，这个时候搜索引擎会以很大的概率将苹果手机的信息排在所有返回结果的前面，而不是水果中的苹果。

九、机器作画

在美术特别是绘画领域，通过内容与风格的复杂融合，人类画家能够创造出独特的视觉体验，但该过程中的算法基础目前仍是未知的。在计算机视觉的一些关键领域，如对象识别、人脸识别，基于深度神经网络的模型的性能已经接近人类了，而该技术也能用来构建可以创作高质量艺术图像的人工系统，该系统可以分离与重组任意图像的内容与风格，从而提供了一种创作艺术图像的途径。

在图像处理领域最常用的深度神经网络模型是卷积神经网络，卷积神经网络由多层计算单元构成，能够以前向的方式对视觉信息进行分级处理。每一层计算单元可理解为一个图像滤波器的集合，可以从输入图像中提取某种特征，因此对于输入图像，不同的滤波器可以输出不同的特征图像。有学者在实验中发现，给定一幅输入图像，卷积神经网络的开始几层计算单元的输出可用来较好地重建图像内容，最后几层计算单元的输出虽然保留了高层的内容信息但损失了细节的像素信息，因此不适于重构图像内容，但可用于提取图像的风格特征（颜色与局部结构），这反而是底层的计算单元所难以处理的，因此在卷积神经网络中内容与风格的表示是分离的。

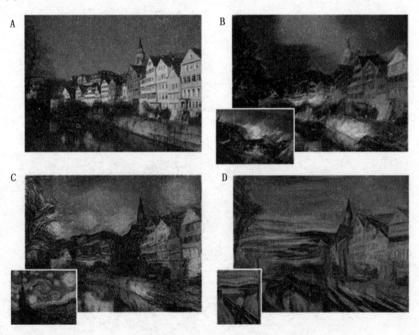

图 6-7　机器作画示意图

图 6-7 是德国图宾根大学的利昂·嘎特斯（Leon A. Gatys）等人在文章《一种艺术风格的神经网络算法》中给出的实例。原始图像 A 可以处理为具有不同的艺术风格的 B、C、D（左下角的图片为风格来源）。将原始图像 A 与目标风格图像输入基于卷积神经网络的人工智能系统，图像处理系统会提取它们的内容与艺术风格，通过将原始图像的内容与目标图像的艺术风格进行合理的混叠与替换，可生成指定风格的图像。

一款名为"Prisma"的 APP 最近受到人们的关注，它能够基于"风格学习"对照片进行处理，输出具有"世界名画滤镜"效果的图片。国内的一家创业公司第六镜 Glasssix 也在同类应用开发阶段实现了机器作画，甚至可以进行实时的"视频版机器作画"。对于计算机创作，除了模仿绘画风格外，还可以模仿一些作家的风格写诗，而随着人工智能技术的进步，我们相信，计算机可以完成越来越多的在以前看来难以实现的事情。

第七章

脑科学研究计划

目前，世界一些国家开展了各自的脑科学研究计划，包括欧盟、美国、日本、中国等，另外有一些科技公司也开展了自己的脑科学研究计划。本章将对这些脑科学研究计划进行简要介绍。

一、国家脑科学研究计划

欧盟脑计划

得益于神经科学领域的发展，欧盟于 2013 年推出了"人类脑计划"（Human Brain Project，简称 HBP）。其中参与国家 15 个，预期完成时间为 10 年。欧盟人类脑计划的目标是开发信息和通信技术平台，致力于神经信息学、大脑模拟、神经形态计算和神经计算机的研发。其研究重点是通过研究脑链接图谱，借助于最先进的计算能力来破解并模拟脑功能，以实现人工智能。

人类脑计划由瑞士洛桑联邦理工学院协调，其科学方向由每个人类脑计划子项目的代表提供。该项目涉及来自欧洲 100 多家机构的研究人员和著名的合作机构，包括德国海德堡大学和瑞士洛桑大学医学院。该项目最初的快速启动阶段的 5400 万欧元的拨款申请于 2013 年 11 月结束，并于 2014 年 3 月公布结果，从 32 个候选项目中选出 22 个，并给予初始资金 830 万欧元。快速启动阶段于 2016 年 3 月 31 日结束。人类脑计划的总成

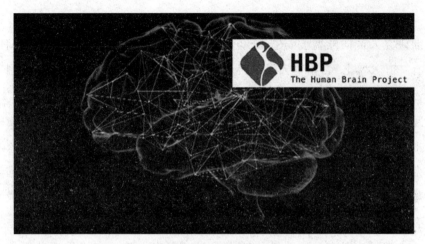

图 7-1　欧盟推出的"人类脑计划"项目

本估计为 10.19 亿欧元，其中欧盟委员会将提供 5 亿欧元，国家、公共和私营组织提供 5 亿欧元，核心项目加速阶段合作伙伴提供 1900 万欧元。

项目的主要障碍之一是难以系统性地整理之前的大脑研究中收集的信息。神经科学的研究数据因生物组织方案和研究物种的不同而变化，使得难以在单个系统的模型中共同使用数据来复现脑功能。还有一些障碍涉及功耗、内存和存储等工程问题。例如，详细的神经元表示在计算机上是非常昂贵的，并且全脑模拟需要非常强大的计算能力，即使是目前最强的超级计算机都是无能为力的。

欧盟脑计划和类似项目的研究成果为其他研究领域提供了很多可能。例如，脑模型可用于研究脑中疾病的特征和某些药物的影响，使得医疗领域能够开发出更好的诊断和治疗方法。最终，这些技术将可能以更低的成本为患者带来更有效的医疗保障。此外，详细的大脑模拟需要巨大的计算能力，这将促进更有效的节能计算技术、脑启发生物计算技术的发展。此外，项目成果还可以扩展到数据挖掘、电子通信、电子设备和其他工业领域。该项目也考虑了项目的长期伦理影响，设立了专门的道德咨询委员会，负责监测人类志愿者、动物样本和收集数据的使用。对欧洲社会、工业和经济的影响则由人类脑计划伦理和社会计划实验室进行调查。

然而该项目在执行过程中遇到了一些困难。2014 年 7 月 7 日，154 位欧洲研究人员向欧盟委员会发出了一封公开信（截至 2014 年 9 月 3 日，已有 750 人签名），指责人类脑计划研究内容过于狭窄，并威胁要抵制该项目。然而，项目方认为，"认知神经科学研究对人类脑计划至关重要。认知神经科学研究在项目中需要重新定位，以允许核心项目专注于建立统一平台。"此外，公开信要求欧盟委员会"将目前分配给人类脑计划核心和合作项目的资金重新分配到广泛的神经科学研究中去，以满足人类脑计划理解大脑功能的最初目标。"项目方回应道："虽然神经科学研究生成大量有价值的数据，但目前没有技术用于分享、组织、分析或整合这些信息。人类脑计划将提供关键的缺失层，以完成大脑的多级重建和模拟。"并补充说："在项目过程中，认知和行为神经科学将成为人类脑计划中神经科学最重要的组成部分。然而，为了达到这个要求，必须首先计算合作平台"。伦敦大学学院计算神经科学主任彼得·达扬（Peter Dayan）提出异议，认为大规模模拟大脑的目标从根本上是不成熟的。著名深度学习专家杰弗里·辛顿也认为"该项目的真正问题是他们不知道（从神经系统中）如何获得大规模系统学习的线索"。神经学家罗伯特·爱普斯坦（Robert Epstein）也提出了类似的问题。人类脑计划项目方表示，其成员正在分享大规模模拟中可能存在的问题并开展相关研究，但"重建和模拟人类大脑是一个美好的愿景，正是这些技术难题才使得项目变得有价值，它将有益于所有神经科学以及相关领域"。

美国脑计划

无独有偶，美国也开展了自己的"大脑计划"（BRAIN Initiative），其全称是"推进创新神经技术脑研究计划"（Brain Research through Advancing Innovative Neurotechnologies）。美国国立卫生研究院大脑程序研究委员会联合主席威廉·纽瑟姆（William Newsome）认为："美国政府精心准备了这个雄心勃勃的计划，其重要程度可以与人类基因计划相媲美。

但是，大脑程序比基因程序复杂得多，脑计划比后者具有更深的科学意义。"了解人类的大脑，这听起来很简单，但正如奥巴马在一次新闻发布会上所说的，我们可以探索超过几光年的星系，但我们对自己的大脑一无所知。人类大脑中有大约 1000 亿个神经元相互通信，形成 100 万亿突触，这比银河星的星球数量更多。在大脑前，人类就像一个孩子看着星星。"我们不明白任何单一的大脑工作机制，即使只有 302 个神经元的小虫子，目前我们也还不能理解其神经系统是如何运作的。"因此，当 2011 年神经科学家拉斐尔·尤斯特（Rafael Yuste）和分子遗传学家乔治·丘奇（George Church）提出了一种新技术来跟踪人类大脑的功能连通性活动，并最终测量单个神经元活动的水平后，脑计划的热潮到来了。

2013 年 4 月，时任美国总统奥巴马提出"大脑计划"。"大脑计划"旨在映射人类大脑活动和理解人类大脑的机制，以理解人的心理活动和检测脑疾病。奥巴马表示："白宫科技政策办公室每年都会向总统提供一些研究领域的建议，脑科学是供选择的研究领域之一。"美国国会以 1.1 亿美元批准了 2014 年"大脑计划"拨款。美国国立卫生研究院为此目的发布了一个指南，计划在 3 年间将重点放在六个领域，开发新的技术和方法观察大脑中的神经元。

这样一个庞大而复杂的科研计划令广大研究人员感到震惊。由于奥巴马的计划没有描绘一些关键的细节，例如方案的具体目标和执行情况。发布"大脑计划"一个月后，美国国家科学基金会和卡夫利基金会组织了第一次针对该计划的研讨会，吸引了大批神经科学家、物理学家和工程师参与。

直到 2013 年 9 月，"大脑计划"才最终确定了九个研究课题：统计大脑细胞类型；建立大脑结构图；开发大规模神经网络记录技术；开发操作神经回路的工具；了解神经细胞与个体行为之间的联系；把神经科学实验与理论、模型、统计学等整合；描述人类大脑成像技术的机制；为科学研究建立收集人类数据的机制；知识传播与培训。

2014 年 6 月，美国国立卫生研究院提交的一份研究报告称，"大脑计

图 7 - 2　奥巴马提出美国脑计划

划"分为短期、中期和长期计划。其中，在未来 7 到 12 年的长期计划中，科学家将主要研究每种脑细胞的类型及其内在联系。纽瑟姆认为："没有人知道目前有多少脑细胞存在，研究是至关重要的，就像你在制造机器或组合机器一样，你必须了解每个部分的结构，开发一种机制来控制整个脑图中的大脑活动和大脑连接。"这不是解剖大脑或简单地使用脑扫描仪这么简单。科学家需要采取一个循序渐进的方法：5 年以后监测整个线虫大脑的活动，该大脑具有 302 神经元和约七千个神经节点；10 年以后完成具有大约十三万个神经元的果蝇全脑图像绘制；15 年后观察斑马鱼大脑或小鼠大脑皮层的活动。《纽约时报》甚至乐观地预测，科学家可以在未来 10 年内建立一个人类大脑活动的综合图谱。

在 2014 年之前，科学家完全没有能力映射和建模整个人类的大脑，但现在这些事情开始走上正轨。虽然要花费 10 年时间，成本超过 30 亿美元，但奥巴马认为高投资是值得的："在人类遗传图谱的研究中，我们每投入 1 美元就能获得 140 美元的回报。""大脑计划"将为美国带来巨大的回报，一旦研究取得进展，科学家将更多地了解诸如阿尔茨海默病和帕金森病等疾病，以及对目前危险的各种精神疾病的新疗法。另外，通过绘制人脑图谱，人工智能将有可能取得很大突破，这将大大促进经济发展和人类认知水平的提高。

日本脑计划

人类大脑拥有大约 1000 亿个神经元，它通过处理大量的信息来执行复杂的功能，这使我们独一无二。20 世纪 90 年代神经科学研究项目开始大规模开展，在之后的 20 年中，我们已经逐渐阐明了被称为身体"黑盒子"的大脑的功能。对大脑的理解不仅需要理解每个细胞的活动状态，而且需要说明每个细胞的活动如何在整个网络中传输并影响整个神经网络。为了实现这些目标，日本政府认为有必要详细调查脑神经元之间的结构联系，以创建神经电路的精确图表，并阐明信号在这个电路内传输的原则。由于技术限制，在如此详细的水平上的研究迄今为止没有取得进展。

传统的研究方法在解开这个错综复杂的信息处理网络的机制方面只取得了有限的成功。当在神经元水平进行测量时，一次只能检查少量细胞。相反，大脑区域的活动只能通过局部神经元群体的平均活动来估计，其数量在几十万的范围内。因此，大多数科学家认为，在单个神经元水平上实现大脑网络活动的分析是不可能的。

然而，幸运的是，近年来科学家们已经开发了几种新技术，提供了在单个神经元水平上分析整个脑网络的关键技术。这些关键技术包括：能够在电子显微镜的分辨率下自动分析脑结构的技术；使大脑透明，并在细胞水平记录其整个结构的成像技术；通过光控制特定神经元活动的技术。受这些新技术的刺激，神经科学家认为，现在是研究的主要范式转变的时候了，其目的是阐明大脑的全部机制。随着最近在实验方法和测量技术方面的创新，日本启动了"通过综合疾病研究神经技术进行的脑映射"计划

（Brain Mapping by Intergrated Neurotechnologies for Disease Studies），以准确实现这一目标。

2013年，美国宣布推出"大脑计划"，旨在加速创新技术的开发和应用，彻底改变我们对整个人类大脑神经网络的理解。在同一年，欧盟启动"人类大脑计划"，开发数据库平台汇集来自各种大脑研究的实验数据。在美国和欧盟开展这些计划的同时，日本为自己的脑计划确立了三个目标：重点研究非人类灵长类动物大脑，这将直接关系到如何更好地了解人类大脑；阐明涉及诸如痴呆和抑郁症等脑病的神经网络机理；并促进与大脑相关的基础研究和临床研究之间的密切合作。通过综合疾病研究神经科学的脑映射，这个新项目将整合新技术和临床研究。日本政府认为，通过连接日本全国核心研究机构进行的长期研究，将最终实现这个具有挑战性的目标。

日本脑计划预期的神经科学研究主题之一是阐明神经网络和神经障碍之间的关联，例如痴呆和抑郁症。虽然以前的神经科学研究追求这些疾病的病理学产生的结果，但进一步从病理解释精神和神经系统疾病还需要更深入地了解脑功能的神经电路。此外，为了了解特定精神和神经障碍的神经回路，促进整合各个领域系统的研究是至关重要的。

日本方面希望通过项目研究能够得到对神经网络的深刻理解，实现人类特有的认知功能，识别由脑疾病引起的受损网络，以及改善精神和神经障碍的诊断和治疗方案。

这些脑绘图项目旨在映射神经元电路的结构和功能，最终掌握人类大脑的巨大复杂性。科学家将注意力集中在普通狨——一种小猴子上，它能够用于研究大脑的结构和功能映射。这种非人灵长类动物对于脑绘图有着许多优点，包括完整的额叶皮质、紧凑的脑组织和可用的转基因技术。绘制普通狨的脑图是一个雄心勃勃的项目，需要进一步广泛技术创新。如果我们能够获得整个普通狨脑部的详细结构和功能连接的信息，那将会极大地促进我们对人类大脑的理解。

中国脑计划

在美国、欧盟和日本相继提出脑计划后，中国也加快步伐加入了人类脑计划的研究行列。目前，我国已经把脑科学研究列为"事关我国未来发展的重大科技项目"之一。我国脑计划应该如何开展？具体的研究内容和研究方向需要经过慎重的思考。

2015 年在上海举行的"脑信息与人工智能"科技论坛和复旦脑科学研究发布会上，与会专家表示中国脑计划将从认识脑、保护脑和模拟脑三个方向展开研究，逐步形成以脑认知原理的基础研究为"体"，以脑重大疾病、类脑人工智能为"翼"，三者紧密结合的"一体两翼"研究格局，即以脑认知原理基础研究带动脑重大疾病研究和类脑人工智能研究。

中国脑计划不只关心神经元层面，更注重在微观和宏观建立桥梁，注重联结和功能的关系。认知科学研究认识过程中信息是如何传递的，研究认知过程及其规律，从而揭示脑和神经系统产生心智的过程。认知科学主要涉及的内容有感知觉、注意、记忆、语言、思维与表象、意识等。这些认知活动的机制研究是脑计划的实施基础，在此基础上可更好地运用到对疾病的研究和人工智能的开发。如中国科学院的脑研究聚焦在脑功能联结图谱上，它是探索脑疾病工作原理、揭示脑疾病发生机制、发展脑式计算的必由之路。中国科学院选择了学习、感知、抉择和情感这几个基本功能，旨在通过研究学习机制来研究神经退行性疾患，通过研究抉择问题来研究成瘾机制，就情感问题来研究抑郁，就感知问题来研究视听障碍等。

我国的脑计划研究需要根据国情发挥自己的优势，必须做好可持续发展的长远计划，体现中国特色不至于在激烈竞争中迷失。脑重大疾病的研究应该是中国脑计划研究的特色之一。我国人口众多，疾病种类更加齐全，建立中国人疾病数据库以及进行重大脑疾病的研究应该更能体现我国的研究价值。脑重大疾病主要包括精神分裂症、帕金森病、阿尔茨海默病、脑卒中、癫痫、抑郁症、脑肿瘤等，这些重大疾病日益危害人类的健

康。对这些疾病的发病机制和防治对策的研究，可更好地探索脑疾病创新性防治对策，为其他脑疾病的防治提供指导，更好地提高脑疾病患者的生存质量。

中国科学院神经科学研究所蒲慕明院士撰写文章《大型脑科学计划往何处去》，结合中国国情对脑计划进行评价和展望，指出攻克大脑疾病将是中国未来主要的发展方向，建议研究者应该关注我国的重大脑疾病，针对社会需要攻克难题，尤其是早期诊断和早期治疗方面应该成为中国脑计划的目标。

所谓人工智能即研究人类智能活动的规律，构造具有一定智能的人工系统，研究如何让计算机去完成以往需要人的智力才能胜任的工作，也就是研究如何应用计算机的软硬件来模拟人类某些智能行为的基本理论、方法和技术。其基础主要是大脑认知神经活动的规律，通过计算机的模拟使其在处理数据时拥有学习能力，从而达到人的智能水平。该方向的发展同样需要计算机科学和神经生物学等多学科交叉复合型人才，从而推动人工智能的发展，构建中国类脑人工智能。

总之，中国应该根据国情开展有中国特色的脑计划，以脑认知原理基础研究为体，利用国内外先进技术着重研究脑内部结构和功能图谱；以脑重大疾病研究和类脑人工智能研究为翼，尤其在脑重大疾病研究上体现中国疾病多样性，以中国发病率高、致残致死率高的病种为切入点，解决疾病对患者的困扰；加快类脑计算和人工智能发展，加强国内各高校和研究所多学科合作，紧跟发达国家步伐。以欧盟为鉴，在模拟人脑的同时，加强人脑基础研究。在科学研究的同时，注重伦理道德的约束。脑计划作为最难攻克的计划不可能一蹴而就，必须结合分子、细胞、组织、全脑和行为等不同层次进行研究和整合，走可持续发展的道路。积极加入国际科研平台的建设，加强国际间的资源共享，积极学习并利用美国等发达国家开发的新型技术认识脑、研究脑、治疗脑部疾病。

二、科技公司的脑科学研究计划

谷歌脑计划

与上述国家相似，一些科技公司也开始在脑计划之路上进军。与之前各国主导的脑计划不同，谷歌公司不关注生物神经元具体是如何工作的，而是将研究重点放在使用计算机程序模拟人工智能上面。目前，纵观谷歌在人工智能上的布局，包含两个主要的研究团队：谷歌大脑（Google Brain）和 DeepMind。

谷歌大脑

谷歌正在加速他们在深度学习领域的布局进度。深度学习是一种非常有效的计算机建模技术，能够用于训练计算机图像识别程序或音频识别程序，使机器能够执行人类才能完成的任务，如识别图像中的人脸等。最近，深度学习也在自然语言处理领域显示出了极大前景，使机器能够以有意义的方式响应口头或书面查询。

谷歌在深度学习领域有着非常大的影响力，其团队成员有一些人工智能领域的顶尖科学家，如杰弗里·辛顿等。他们使用一种非常复杂的人工神经网络程序，利用大量的数据训练，来解决看起来在 21 世纪初机器学习无法实现的任务，包括计算机视觉问题，例如对象分类，生成用于图像的自然语言字幕，以及通用自然语言处理等。除了用于改进他们的产品，如网页搜索、语音搜索、图像搜索等，谷歌的深度学习研究人员也提出了很多新的创意，包括使用 Inception 结构的 GoogLenet 卷积神经网络获得图像分类竞赛的最佳分类结果，高效的标准化过程使得非常深的网络更快地收敛。他们在顶级学术会议发表大量高质量学术文章，诸如神经信息处理协会会议、计算机视觉和模式识别国际会议，以及相对较新的表示学习国

际学术会议等。

另外，谷歌大脑团队开发的一个称为 TensorFlow 的人工智能软件为用户提供了一种高效的方式来通过大量数据训练计算机执行任务。该软件能够在不同的计算机硬件上有效地建立和模拟各种先进的深度神经网络，旨在将各种神经网络机器学习应用到整个谷歌公司的产品和服务中去。谷歌公司在其许多产品中使用该人工智能引擎，现在也被其他研究人员用来完成一些复杂的程序设计，包括将英语翻译成中文，阅读手写文本，甚至生成原创艺术品。谷歌公司中涉及谷歌大脑的项目数量从 2014 年初很少的几个项目增长到今天的 600 多个。

TensorFlow 团队的计算机科学家杰夫·迪恩（Jeff Dean）表示，希望深度学习和机器学习能对许多其他公司产生类似的影响。他说："机器学习正在以许多方式影响着不同的产品和行业。例如，该技术正在许多行业中进行测试，尝试从大量数据中预测未来。"谷歌也正在开展大量的人工智能项目，包括机器翻译、机器人和自动驾驶。谷歌大脑团队在这些项目中扮演着非常重要的角色，他们通常以合作的方式来协调主导这些项目的团队。

DeepMind

DeepMind 科技公司是一家成立于 2010 年 9 月的英国人工智能公司，它于 2014 年被谷歌收购。该公司开发了一种基于深度神经网络的技术，它能够学习如何向人类一样来玩视频游戏。该公司已经创建了一套基于强化学习和深度学习的技术，同时，他们正在积极研发通用人工智能，教会计算机如何"学会学习"。

DeepMind 的目标是通过结合机器学习和系统神经科学的最前沿技术，构建强大的通用学习算法来从根本上解决智能问题。他们正在试图规范化智能，这不仅能够将智能实现到机器之上，而且能够帮助人类了解自己的大脑。如创始人德米什·哈萨比斯（Demis Hassabis）解释："试图将智力提炼成算法结构可能是理解大脑奥秘的最佳途径。"

到目前为止，DeepMind 已经发表了关于能够玩游戏的计算机系统的研究论文，并实际开发了这些系统，从策略游戏如围棋到街机游戏。在不修改算法代码的情况下，他们设计的人工智能开始理解如何玩游戏，并且在一段时间之后，它在几个游戏中能够达到比顶尖人类选手更强的水准。如 DeepMind 的科学家所说，"当一个机器可以依靠感官输入来操作一个真正的视频游戏，实现学习和理解，人类层面的机器智能就可以实现。"这也是他们被谷歌高价收购的主要原因。哈萨比斯提到了他们以后将把时下流行的电子竞技游戏星际争霸作为未来的挑战，因为它需要更高水平的战略思维和处理不完善信息的能力。

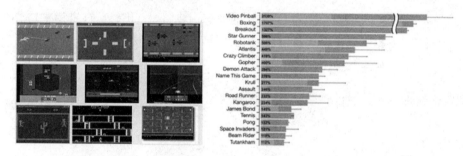

图 7-3　DeepMind 的算法在 Atari 游戏上的表现超越人类

2015 年 10 月，DeepMind 开发了一个名为 AlphaGo 的电脑围棋程序，并以 5：0 的比分击败了欧洲围棋冠军樊麾。这是人工智能第一次击败职业围棋选手，在这之前，计算机只能达到"业余"水平。由于围棋异常庞大的搜索空间，使得传统的人工智能方法（如暴力搜索）无能为力，因此要在围棋项目中取得胜利被认为比其他棋类项目更难。2016 年 1 月 27 日，DeepMind 在《自然》杂志发表论文详细描述了他们设计的算法细节。在 2016 年 3 月它以 4：1 的比分击败了韩国棋手李世石，在 2017 年 5 月以 3：0 击败当时世界排名第一的人类棋手柯洁，又在 2017 年 12 月初发布了 AlphaZero 程序，宣布在国际象棋、日本将棋中也以令人信服的成绩打败所有现有的电脑程序。

图 7 - 4　AlphaGo 战胜李世石和柯洁

　　DeepMind 也想要将人工智能算法引入医疗保健行业，辅助医生进行更可靠的诊断，并期待在治疗疑难杂症上有新的突破。2016 年 7 月，DeepMind 和 Moorfields 眼科医院宣布合作。DeepMind 将他们的技术应用于眼睛扫描分析，寻找导致失明的疾病的早期迹象。2016 年 8 月，Deep-Mind 宣布与伦敦大学医院合作研究项目，目的是开发一种算法，可以自动区分头部和颈部区域的健康和癌组织。

百度大脑

　　百度一直保持一个高科技公司的形象，百度公司首席执行官李彦宏一直非常强调百度在人工智能上的投入。他认为，互联网的发展历经了两个非常重要的阶段：PC 互联网时代到移动互联网时代。目前，中国市场已经有 7 亿人接入互联网，网络渗透率已经达到 50%。这意味着互联网的未来增长不再受人口红利的驱动。中国进入新常态，经济增长需要依靠"互联网＋"行动计划来推动。李彦宏在 2016 年 6 月的百度联盟峰会上指出人工智能是移动互联网之后的下一个风口。为此，百度提出了百度大脑计划，其专注于使用人工智能技术，并提高百度的各项技术能力指标。

　　百度在过去五六年间投入了大量的精力开发人工智能。李彦宏称百度大脑在 2014 年就已经相当于两三岁孩子的智力水平。总体而言，百度大脑大致分为三部分和四个功能。

　　百度大脑由三部分组成：第一部分是算法，包括模拟人类神经元网络

图 7-5　李彦宏与百度大脑

的组成、数万亿的参数、数十亿的样本和数百亿的函数；第二部分是计算能力，百度大脑使用成千上万的服务器来进行计算，其中许多不是基于传统的 CPU，而是基于图形处理器（GPU）；第三部分是数据，百度收集整个网络的互联网内容，包括互联网用户日常搜索请求和定位请求。拥有算法、计算能力和数据的百度大脑展现出了非常强大的能力。但是百度大脑到底有什么样的功能呢？百度大脑主要关注四个功能：识别声音的能力、识别图像的能力、理解自然语言的能力和描述用户画像的能力。

语音是当今人工智能发展最成熟的部分。语音分为两个方向：一个是语音识别，一个是语音合成。《麻省理工技术评论》杂志将百度的 Deep Speech 2 语音识别引擎评为"2016 年改变世界十大突破技术"，这款引擎可以做到 97％ 的准确率，有时甚至超过了人类的准确性。另一方面，语音合成意味着机器可以将文本转换为语音，然后用声音表达。今天的语音合成比以前更加自然，更接近现实水平。百度发现，这样的升级有利于提高用户的粘性：一般人在过去的小说频道花费大约 40 分钟的时间，而现在花费将近两个半小时。现在，百度响应每天 2.5 亿次的语音合成请求。

此外，语音合成还可以模拟任何你喜欢的人的声音。比如在百度地图中，你可以选择将李彦宏的声音做为默认声音。

人工智能在图像识别方面的应用，称为计算机视觉技术。图像识别的应用之一是人脸识别，百度的人脸识别精度已达到 99.7%。面部识别程序能够提取面部的关键点，即使一个人的面部改变，但他的表情特征不变，它仍然可以非常准确地识别出来。除了面部识别之外，图像识别的另一个应用场景就是全景图的制作，采集图像之后要对图像中的目标进行识别，辨认出这具体是在哪个地点。图像识别的第三个应用领域是无人驾驶，这需要计算机视觉、高精度地图、环境感知、定位，甚至语音通话。然而，百度认为图像识别是自动驾驶技术的"最后一公里"。如果百度真的能够做到无人驾驶并处理各种复杂的路况，计算机视觉技术和人工智能技术是不可或缺的。在 2017 年 7 月，百度正式开放了自动驾驶计划阿波罗平台（Apolo），创始人李彦宏也亲自"把无人车开上五环"。

自然语言处理，即能够使用人们的语言与人沟通，并能够理解很多人的意思和意图，比如百度自动翻译，使用人工语言程序来解说篮球比赛。虽然自然语言理解进步的速度相对较慢，语言识别能力仍然需要加强，但其优势在于记忆能力，它能够处理各种知识型的问题。

描绘用户的画像，也就是基于百度的大数据和机器学习来了解用户，为用户打好标签。这些标签主要体现在两个维度上，一个是一般维度，如人口统计特征、短期意图、位置属性；一个是垂直的行业特点，用户的金融、保险、医疗、旅游、健康、爱好和习惯等特征。这可以帮助百度给用户推送更准确的新闻，可以帮助不同用户的企业的设计和推广过程。

IBM TrueNorth

IBM 公司正在开发一款神经网络芯片，名为 TrueNorth。它是一个多核芯片，在当前芯片中有 4096 个核心，每个芯片模拟 256 个可编程硅"神经元"，总计有一百多万个神经元。每个神经元具有 256 个可编程的

"突触"，用于传送信号。因此，可编程突触的总数超过 2.68 亿。在基本构建模块方面，其晶体管数为 54 亿。由于 4096 个神经突触核心中的每一个都能处理存储器、计算和通信的工作，TrueNorth 规避了冯·诺依曼架构的瓶颈，并且非常节能，功耗仅有 70 毫瓦，约为常规微处理器的功率密度的千分之一。

在 2008 年，IBM 和世界顶尖大学合作伙伴开始寻求构建一个脑灵感的机器，这个提议在当时被认为是痴人说梦。然而在《科学》杂志发表的一篇文章中，IBM 介绍了他们的最新研究突破——一个 100 万神经元脑灵感处理器 DARPA SyNAPSE。该芯片只消耗 70 毫瓦，并能够每秒执行 460 亿突触操作，是一个可以放在手掌上的超级突触计算机。

现代计算机的时代开始于 1946 年 2 月 15 日 ENIAC 的揭幕。1948 年晶体管的发展使得在 1958 年创建了集成电路，而 1971 年启用了第一个微处理器。从那时起，微处理器的时钟频率已经增加了 1000 倍。与这种演变同样显着地，它已经朝着与大脑计算范式完全相反的方向发展。因此，今天的微处理器比大脑快八个数量级（在时钟速率方面），但高出四个数量级的热量（根据每单位皮层面积的功率）。

考虑到总体能量消耗，大脑和今天的计算机之间的差异更加突出。据估算，100 万亿突触的"人类大脑规模"的模拟需要 96 个红杉超级计算机。实时运行这种完全大脑模拟的计算机将需要 12 亿瓦能量，而人类大脑仅消耗 20 瓦。IBM 从两个角度来弥补这种差异：技术和架构。与今天基于硅技术的计算机硬件条件不同，大脑使用的是生物机制，IBM 正在研发基于纳米技术的新硬件，以减少能耗。针对架构，IBM 正在利用当今最先进的技术来最小化处理器系统中的功率、体积和延迟。

人们通常假设大脑皮层包括重复的典型皮质微电路。受这一假设的启发，2011 年 IBM 展示了一个"蠕虫规模"的神经突触核心，集成了计算和记忆功能。现在，IBM 已经使神经突触核心的面积缩小了 15 倍，功耗缩小了 100 倍，并通过在一个芯片上平铺了 4096 个核，创建了 100 万个神经元和 256 万个神经突触。与普遍的冯·诺依曼架构不同，TrueNorth

可以像大脑一样，具有并行、分布式、模块化、可扩展、容错灵活等特点，集成计算、通信和内存功能，没有统一时钟。可以说，TrueNorth 在大脑、体系结构、效率、可扩展性和芯片设计技术等方面完全重新开启了类脑式计算机设计的可能性。

设计和测试 TrueNorth 是非常复杂的。其前所未有的规模、非常规架构、新的混合同步异步电路方法等新技术过程需要特殊定制的设计、验证和测试方法，需要完美的团队合作和精心的项目管理。IBM 的研究员正在以惊人的速度工作，也尽可能广泛地为高校、研究机构、商业伙伴、初创企业和客户提供生态系统，以有效的方式将现有的神经网络算法体系映射到体系结构上，以能够创造和发明全新的算法。

该架构可以解决来自视觉、听觉和多感官输入融合的类型广泛的问题。这些系统可以实时高效地处理高维度、有噪声的数据，同时消耗比常规计算机架构更少数量级的能量。TruthNorth 架构可以部署在便携式设备上，例如智能手机、传感器网络、自动驾驶汽车、机器人、公共安全设备、医学成像设备等等。另一方面，也可以使用突触超级计算机在云端进行多媒体处理。此外，他们的芯片可以与其他认知计算技术结合使用，以建立一个通用的学习机器，帮助人们做出更好的决策系统。

IBM 公司想要增强神经突触与突触可塑性方面的技术，以创建新一代能够在线学习的适应性神经突触计算机。TrueNorth 技术和实践的应用前景是巨大的，可以触及科学、技术、商业、政府和社会的每一个领域。

第八章

人工智能未来的发展

人类一直孜孜不倦地探索这个世界的本质，孕育了世界上所有的科学技术和奇思妙想，人工智能研究就是对人类本身的研究和探寻。经过漫长的探索，人工智能研究迎来了前所未有的大发展机遇，人类已经开始从全方位探寻和认识智能的本质。

在这里作者将初步探讨一下对人工智能未来发展的预测。本章将从研究、应用和伦理三个方面来简要介绍人工智能的几个主要发展方向。学术研究领域主要集中在学术研究前沿，介绍目前人工智能面临的主要问题以及相应的可能解决方案；产业应用方面，将主要介绍人工智能对现代社会的巨大影响和几个重要应用场景；伦理方面将分析在人工智能日益发展的今天，存在哪些伦理问题，并对这些问题进行开放性的讨论。

一、学术研究的发展

弱人工智能是指到目前为止人们所研究的没有自我认知功能的所有人工智能方法与系统，是现代人工智能研究的主要内容。它是以大数据为基础，以机器学习方法为主要手段，通过强大的计算能力而发展起来的各种智能处理手段，也是目前获得广泛关注和全面发展的智能方法和系统，例如：感知智能、小样本学习、博弈学习、模式识别等。从感知智能过渡到具有机器自主意识和逻辑推理的认知智能，从而最终达到人们梦寐追求的通用智能，即强人工智能。

弱人工智能

目前，弱人工智能的主要研究都是聚焦在感知智能研究方面，例如机器视觉、语音识别和自然语言处理，它们分别对应于人类的视觉、听觉和语言能力。得益于卷积深度神经网络，机器视觉在近年取得长足发展，在物体识别准确率和人脸识别准确率上已经达到或者超过了人类水平。语音识别方面也已经比肩人类水平，识别效率在最近几年来快速上升。自然语言领域也开始取得一定进步，在一些具体任务上成效显著。在未来发展过程中，这三个主要领域的研究工作还会长期持续，并取得更加重大的研究成果。目前，虽然人工智能的视觉、语音还有自然语言处理能力已经得到了很大的提高，但是它们还有很大的发展和提升空间。

机器视觉当前的主要研究成就在具体物体的识别任务中，未来机器需要具备视觉场景理解能力，不仅能够准确地识别物体，还要能够结合人类知识分析具体场景。该任务相比于简单物体的识别要困难很多，机器要能够具备通用的理解能力，挖掘视频图像中的主要内容，从而创造人类水平的视觉能力。

语音识别领域的未来发展方向是如何提高复杂场景下的识别效率，尤其是多语言混合和嘈杂背景下的语音识别。通过有效结合其他信息以实现高质量自然语音的识别和合成，同时获得一些相关附加功能的语音识别和合成技术。

自然语言处理问题是人工智能方向需要解决的最重要的方向之一。语言被认为是人类发展中非常关键的因素，正是因为能够使用语言交流快速传播知识，人类才能够从物竞天择中脱颖而出。然而语言本身是非常复杂的，其中蕴含了大量的逻辑、推理和智慧。目前的学习系统并不能够很好地解决这些问题。通过未来几年的发展，自然语言处理领域将可能会取得很大的进展，会逐渐揭开语言理解的奥秘，终将使得机器具备通用语言理解和逻辑推理能力。

无论是哪一领域，相关研究人员都意识到形式化逻辑和知识的重要性。深度学习三位领军人物多伦多大学教授辛顿、蒙特利尔大学教授约书亚·本希奥（Yoshua Bengio）、纽约大学教授杨乐昆都认为人工智能需要理解常识。有一些句子，比如"奖杯放不到手提箱里，因为它太小了"或者"奖杯放不到手提箱里，因为它太大了"，前面的"它"指手提箱（太小了），而后面的"它"指奖杯（太大了）。因为语言结构的原因，我们能推断出这一点，但如果你把这些句子翻译成法语，还有其他一些因素要考虑：机器是否能正确区分和使用阳性和阴性词？所以它必须理解背景。如果一台机器可以成功地完成这些翻译，那么就说明它们真正理解发生了什么。这可能需要比现在的机器翻译大约高一千倍的性能才能正常工作。如果我们能够做到这一点，机器会掌握所有的常识。它会说服那些固守传统的人，人工智能的成功并不是偶然的，而是机器真的理解发生了什么。由此可知，感知智能的深入发展是达到强人工智能水平的必由之路。

另外，人工智能的一个发展方向是从少量标记数据中理解世界。目前人工智能，特别是深度学习，需要大量的标记数据才能训练，而且数据越多效果越好。但是人类并不需要大量的标记就能理解世界，我们能够在没有大量标记数据的时候就形成良好的认识。比如，人们见到一种新植物的时候，就能马上对这种植物构建一种识别的模式，而不需要反复的观察。目前的学习系统不具备这方面的能力，无法从少量的样本学习出一种简单的模式。所有这些系统目前都使用监督学习，在这个过程中，机器是由人类标记的输入训练的。未来几年的挑战是让机器从原始的、未标记的数据（如视频或文本）中学习，这就是所谓无监督学习。人工智能系统今天不拥有"常识"，人和动物通过观察世界，在其中行动并了解它的物理机制。杨乐昆认为无监督学习是通向具有常识的机器的关键。我们将重新定义无监督学习的方法，比如通过对抗学习重新定义目标函数。

再者，人工智能渴望寻找解决非完全信息博弈中的学习算法。国际象棋、围棋等盘面信息都是公开的，对弈双方接收到的信息完全相同，因此被称为"完全信息类"的人工智能博弈。而德州扑克、桥牌、麻将、星际争霸等游戏，每个人无法看到对手手里的"牌"，所以称之为"非完全信息类"的人工智能博弈。2016 年年底，来自阿尔伯塔大学、查尔斯大学和布拉格捷克理工大学的计算机科学家开发的 DeepStack 在二人无限注德州扑克中打败了人类职业玩家。2017 年年初，卡内基梅隆大学所开发的 Libratus 又击败了四位更加优秀的德州扑克职业选手，这是人工智能在不完全信息博弈中堪称里程碑式的突破。但是 DeepMind 公司近期在星际争霸中尝试了多种前沿强化学习算法，结果显示这些算法无法有效解决星际争霸的问题，最好的模型也无法击败简单的脚本。我们迫切需要一个能够在不完备信息场景下学习的通用算法，未来人工智能更广泛的用途一定会是在类似无人驾驶、智能安防以及人工智能助理，以及这类真正意义上的非完全信息类的真实环境里，解决非完全信息环境下的学习问题将非常有意义。

强人工智能

人工智能研究的最终目标是实现强人工智能，让机器具有自主意识。目前我们能够创造大量的弱人工智能应用，这些应用具有很强的智能水平，甚至在某些方面全面超过了我们人类本身的智能水平，但要实现具有自主意识，能够具有灵感和顿悟等通用认知能力的强人工智能仍然任重道远。著名人工智能学家于尔根·施密德胡伯（Jürgen Schmidhuber）迫切地希望看到机器能够自己改进自己的一天。"意识"这个概念对人工智能研究人员而言，他们总是敬而远之，它更像一种哲学上的思辨，因为"意识"本身无法被定义。他认为，曾经被誉为意识的东西，实际上在学习的推移中变成了自动化与无意识的活动。在个体最大化其回报的过程中，个体会将这些动作内化成为思想。只要能够学会如何适应外部环境，意识也许就会被呈现出来。但是，从目前相关学科的研究进展来看，要实现真正的人类意识还十分渺茫，前面的路还很长很长，这成为摆在人类探索智能奥秘的道路上的下一个难以攻克的世纪性难题。

个体智能固然重要，群体交互也是智能发展的必要条件。个体不足以发展出高级智能，个体只有在群体之中不断竞争协作才有可能发展出高阶的智能行为。个体智能在群体中得到提升，并反馈给群体。多个个体形成一个群体，从而协同进化。我们不仅要发展个体智能，同时要提出一种群体交互机制，刻画个体之间的协作关系，使他们在竞争和合作中达到更好的状态。每个个体之间通过语言进行交互，指导个体学习，从而涌现出了抽象知识的传播和演化。人类社会中每个个体具有高等智能，但是如果没有经过群体引导，也很难获得全局的认知。从这个方面来看，群体智能发展对于人类同样存在着非常重大的意义。

二、产业应用的发展

人工智能技术之所以重要，是因为它使得大量简单的工作能够被机器代替，从而解放人类生产力。以自动驾驶为例，一个司机学会驾驶技能需要大量的时间和精力，而人工智能程序则可以马上使用，不需要重新训练的时间。在新时代，人工智能就像我们熟知的电能一样，它能为社会各行各业赋能。人工智能技术是一项通用技术，如果能够有效利用这项技术，它将会给我们人类社会带来巨大的价值，推进社会的飞速发展。

人工智能＋驾驶

自动驾驶技术是目前人工智能应用最前沿的几个项目之一。在前面的章节里我们也介绍了许多。由于自动驾驶能够产生显著的社会效应，广大科技公司一直坚持自动驾驶技术的研发。谷歌、特斯拉、百度等科技公司和广大汽车厂商都积极地加入了这一竞争当中。正如广大人工智能应用一样，自动驾驶技术的优势在于系统可以从海量的数据中学习错误，并且应用到所有的车辆当中。修正一个错误就可以同步改善所有系统。这是人工智能系统的优点。另外，自动驾驶技术可以降低人为的驾驶风险，比如醉驾和疲劳驾驶；降低社会成本，比如使用自动驾驶系统代替专业驾驶员。随着自动驾驶技术的发展，自动驾驶汽车能处理的环境从简单慢慢变得复杂真实。实际上，谷歌无人车达成了行驶 200 万英里（约合 322 万公里）的新里程碑。当技术逐渐成熟，自动驾驶将会遍布大街小巷，成为人们日常生活中的一部分。

人工智能＋医疗

当前，大数据与人工智能等前沿技术在医疗领域应用已经成为一种趋势，将大数据驱动的人工智能应用于肺癌早期诊断中，不仅可以挽救无数患者的生命，而且对于缓解医疗资源和医患矛盾也有重大意义。用深度学习判读乳腺癌病理切片图像，比病理学家判断得更准。类似这样的场景，在研究领域已经数不胜数。人工智能技术在可穿戴设备等领域进行了一系列探索，并已在肺癌、宫颈癌、甲状腺癌等领域实现突破。2017 年，《自然》杂志报道了人工智能利用深度学习的图片识别技术在皮肤癌领域的进展。卷积神经网络算法能够在区分角质细胞癌和良性脂溢性角化病和区分恶性黑色素瘤和良性痣方面匹敌 21 名专业的医生，人工智能正确识别良性病变和恶性病变的综合灵敏度达到 91％。人工智能将会深刻改变医疗行业，为医疗技术带来新的变革。借助于先进的人工智能技术，诊断水平和治疗水平都会得到大幅提升。未来，智能医疗可能会出现在每个家庭中，能够及早发现病情甚至预防病情出现。从发现药物、整体患者护理到绘制人脑的突触连接等等，人工智能将很快改变数以百万计人的医疗保健和治疗。谷歌并不是该领域的唯一玩家。IBM 公司 Watson 团队、微软的人工智能研究人员以及 Facebook 公司都在研发人工智能健康算法和解决方案。

人工智能＋金融

由于金融业是天然产生大数据的行业，在强大的计算力量的支撑下，金融业必将成为人工智能大显身手的主战场。在股市量化投资领域方面，人工智能技术可以深入分析各种海量的股票交易数据，对股票做情感分析，计算出股民对股票的乐观或悲观情绪，同时对政治事件、财经新闻进行分析，以判断未来股票走势。在综合分析的基础上，建立个性化的精确预测模型预测市场的变化和未来股票的涨跌走势，实现收益最大化。同时，在金融风控领域，通过对用户的全方位数据（包括其互联网浏览数据、司法执行数据、出行数据、电商平台的交易数据、电话通讯数据和社交数据）的分析，采用人工智能算法对用户的信用进行客观的个性化信用评级，给出精确信用等级评判。引入人工智能的金融业，不仅将最优质的金融服务带给我们每一位自然人，而且可以将我们金融活动的风险降到最低的程度。

人工智能＋交互

另外，人工智能将会很大程度改变人们跟计算机交互的方式。未来智能设备上只需两个重要入口：传声器（用于智能语音交互）和摄像头（用于人脸识别、图像识别、手势识别）。将传声器和摄像头的入口整合在一起就是智能交互。智能技术的发展赋予了人们更加便捷的交互手段，我们可以通过更加直接的方式跟设备交互，减少人们额外的负担。自然语言理解的能力能够让设备具有跟我们直接沟通的能力，对话机器人、基于自然语言处理的操作系统将会出现，直接接收人们的命令，这将彻底改变人类与机器交互的方式。

人工智能＋人类

人工智能技术不仅会影响世界，甚至可以改变人类本身。人工智能技术能够让盲人重见光明，让聋人恢复听力，甚至让失语者重新说话。人工智能技术能够拓展人类能力的界限。随着时间演进，我认为我们可能见到生物智慧与机器智慧更紧密的融合。人工智能可能带来的冲击，不只在于机器比人类更能有效执行特定任务；人脑与计算机也会紧密相合，产生的组合将以人脑前所未有的方式思考，并以现今所知的资讯处理机无法达成的方式处理资料。人类通过与人工智能设备连接能够突破人类的物理限制。人工智能与人类共生将是一个不可避免的趋势。

三、人工智能的伦理

近年来，人工智能变得火热起来，"移动互联网""大数据""物联网""云计算"等技术为人工智能的爆发发展奠定了基础，人工智能技术也开始被逐渐引入各个领域。随着 2016 年 AlphaGo 击败人类围棋世界冠军李世石一战成名，人工智能开始走入大众的视线，媒体开始聚焦这个"新兴"领域，社会上关于人工智能的讨论也变得越来越多。国内外各大公司将人工智能运用到各个领域：金融、医疗、教育、通信、智能家居等。越来越多人开始享受到人工智能带来的便利，但同时许多人开始担忧日渐优化的人工智能会不会像很多科幻小说、电影中反映的那样挑战人类的法制和主导权，亦或更甚，对人类构成威胁。

一般地，人们所关注的人工智能的伦理包括其规范性和有序性，主要围绕以下几个方面：公平性、可控性、替代性、道德性等。下面简要介绍一下这些开放式的问题。

公平性

人工智能的基础是海量的数据信息和强大的模型算法，但这种基于"经验"的系统很容易带来偏差，甚至影响个人的决策。作为人工智能领域的"领头羊"，谷歌公司也曾犯过不少类似"错误"：图片搜索中的标记功能误将黑人标记为"猿猴"；某王牌搜索栏目由于算法的深度个性化，导致男性用户比女性用户更容易看到高薪招聘信息；上海交通大学某课题组研究的罪犯识别模型，更引起了学术界关于算法公平与伦理的讨论。而业界也在尝试各种方法和算法来避免这种有偏估计，已达到了一定的效果。比如让算法细节保持较大程度的透明，建立完善的算法审查机制，以及不断完善算法训练的样本库，增强多样性，等等。

可控性

面对越来越"聪明"的人工智能衍生品，越来越多的人开始担心人工智能终有一日会脱离人类的控制，对人类社会造成不可估量的严重威胁。能否始终保持对人工智能系统的有效控制，是人工智能伦理研究中最重要的问题之一，也是大众当前最关注的问题。由于人工智能算法的试错机会较少，而且在真实场景的测试机会又十分珍贵，人工智能的控制问题尤为重要。业内许多专家和学者都认为超人工智能时代假以时日必将会到来，这种人工智能可以进行完整的自我更新和修复，而这种迭代式的、拥有自我改善能力的智能很有可能导致"智能爆炸"或"智能泛滥"。有关防止人工智能"失控"的计划也必须尽快提上日程。目前，各跨国技术协会（如 IEEE）等都成立了或正在筹备成立人工智能伦理委员会，国内外各大IT厂商也相继成立了人工智能伦理委员会，各国政府也陆续发布了关于人工智能的法律法规和发展规范。2017 年年初，麻省理工学院和哈佛大学联手推出了人工智能伦理研究计划。人们在人工智能发展前期就开始着手加入了道德和法律约束，相信人工智能的发展短期内不会脱离人类的控制。

替代性

人工智能可能导致传统行业的劳动者被机器替代，这是除人工智能失控外，较受大众关注的又一个关键问题，也是人工智能领域面临的重大经济伦理挑战。2017年年初，麦肯锡发布的《未来产业：自动化、就业与生产力》报告引发社会强烈讨论。该报告展示了人工智能解放劳动力的能力，但部分职业的可替代性也引起了人们担忧。但人们可能不必过分担忧或者恐慌，因为类似的状况在历史进程中也曾有出现，20世纪时以美国为首的发达国家农业劳动力急趋减少，但并未出现长时间大规模的失业情况，国家也成功进行了产业结构转型。因此，人工智能带来的技术革新和劳动力转型将持续几十年，时间足够大众和国家完成自我的调整，它可能不仅不是对人类的威胁，而且是一次新的跨域式发展机遇。

道德性

机器人行业从2015年开始，进入飞速发展阶段。各大IT公司开发推出了各类社交机器人，比较出名的有微软的小冰，为以往冷冰冰的机器人增添了一丝人性和人格。同时，国内外的情感机器人发展势头也很猛烈，最高档的机器人甚至可以进行自然的视觉对话和情感反应。在情感型机器人发展如火如荼的同时，有一拨科学家也开始担忧起此类机器人的伦理问题，英国德蒙福特大学机器人伦理研究员理查德森（Kathleen Richardson）指出，过度专注机器人将"损害人类之间的情感共鸣能力"。随着此类机器人的发展，对情感机器人的规范的确也有待加强。此外，机器人的设计"道德"也是设计者们不得不考虑的一个问题。比如著名的"隧道问题"：一辆自动驾驶的汽车在通过一条隧道时突然发现前方有一个小孩跑过来，

在这种紧急情况下是选择撞向隧道还是撞向行人。显然我们不"放心"让机器或算法设计师来进行这一决策，机器人设计引发的道德问题是一件及其复杂的问题。

人工智能是一个伟大的技术，它本身是中性的，可以被用于好的地方也可以被用于坏的目的，所以我们必须确保它的使用者是负责任的，防范可能出现的不可预测的风险。这样的担忧并非空穴来风，人类历史发展长河中类似例子已经是屡见不鲜了，因此在人工智能飞速发展的同时，必须及时制定与其发展相匹配的各种规范和准则，必须引起各级管理方和实施者的足够重视，并随时根据出现的新情况进行相应的调整。

人工智能将会深入人们生活的方方面面，变得无处不在。

任何产业都可以借助人工智能技术提升产业效率，促进产业革命，获得巨大提升。例如，博弈对抗、自动驾驶、智慧城市、智能医疗、智能家居、智能机器人等等，都是人工智能技术可以直接落地的领域。而且人工智能还能改善农业、餐饮行业、金融市场、物流行业、基因工程、未来战场模式等等相关领域。

人工智能技术就像电一样，成为社会运转的动力，推动国民经济发展，为各行各业赋能，代替低效率的劳动生产力，带来新一次社会变革。人工智能让机器来代替人脑思考学习和做出高效的重大决策，其意义十分重大，绝对不是我们时代的一朵小小的浪花。

总之，人工智能将改变我们的社会，改变我们的生活方式，极大提高我们的生产效率，带来社会的巨大变化，将我们带入一个崭新的智能时代。